Walberto Ortiz Sevillano

Alcunhas, alcunhas e alcunhas no discurso Tumaqueña

Walberto Ortiz Sevillano

Alcunhas, alcunhas e alcunhas no discurso Tumaqueña

Apelidos, identidade e cultura

ScienciaScripts

Imprint

Any brand names and product names mentioned in this book are subject to trademark, brand or patent protection and are trademarks or registered trademarks of their respective holders. The use of brand names, product names, common names, trade names, product descriptions etc. even without a particular marking in this work is in no way to be construed to mean that such names may be regarded as unrestricted in respect of trademark and brand protection legislation and could thus be used by anyone.

Cover image: www.ingimage.com

This book is a translation from the original published under ISBN 978-613-9-40909-9.

Publisher:
Sciencia Scripts
is a trademark of
Dodo Books Indian Ocean Ltd. and OmniScriptum S.R.L publishing group

120 High Road, East Finchley, London, N2 9ED, United Kingdom
Str. Armeneasca 28/1, office 1, Chisinau MD-2012, Republic of Moldova, Europe
Printed at: see last page
ISBN: 978-620-7-91182-0

JUSTO WALBERTO ORTIZ SEVILLANO

ALCUNHAS, ALCUNHAS E ALCUNHAS NO DISCURSO TUMAQUEÑA

ALCUNHAS, IDENTIDADE E CULTURA

FOTOGRAFIA CULTURAL E FOLCLÓRICA MULTIDIVERSA

O Pacífico colombiano é um dos maiores e mais biodiversos territórios do país. É habitado por afro-descendentes e indígenas de diferentes grupos, mas tem pouca ou nenhuma educação relevante e inclusiva. Aqui, o objetivo é refletir sobre a importância de um trabalho etno-educativo que parta da fala e da tradição oral da cultura afro-pacífica desde a escola básica, mostrando a importância evidente de um trabalho etnopedagógico endógeno para conseguir a cimentação da identidade étnica e cultural nas primeiras etapas da vida académica.

APRESENTAÇÃO

Este artigo aborda, numa perspetiva sociolinguística, o estudo das alcunhas no discurso de pessoas de diferentes estratos sociais que coabitam em bairros pertencentes a Comunas (a estrutura de organização política do município) e de diferentes níveis de escolaridade na cidade de Tumaco. O nosso interesse centra-se em esclarecer por que razão as pessoas de diferentes estratos sociais utilizam atualmente uma "linguagem marginal ou sub-padrão", que tem sido tradicionalmente utilizada para caraterizar e estigmatizar outros que vivem e interagem no mesmo habitat na cidade, independentemente de pertencerem ou não ao seu estrato social.

Isto é feito a partir das expressões e enunciados utilizados por estas pessoas de diferentes estratos e em diferentes espaços sócio-discursivos. Da mesma forma, analisamos a natureza das suas nominalizações, as circunstâncias e os ambientes em que são feitas, nos quais descobrimos que tais formas de nominalização ou apelido, motear e sobrenombretear, surgem em outros tipos de cenários situacionais característicos dos sectores marginais da cidade de Tumaco.Este trabalho demonstra, com uma base de dados obtida nos bairros das cinco (5) Comunas seleccionadas, que o uso das para-línguas está cada vez mais em voga, na moda, em uso e em constante referência, não só pelos estratos sociais mais baixos, mas também pelos estratos sociais mais altos, cujas expressões ou apelidos em uso, têm sido cada vez mais permeados por formas de nominalização, sobre-nomeação e apelido de um uso sub-padrão, quotidiano e quase marginal, se não total.

Do mesmo modo, evidenciamos as diferenças linguísticas e discursivas que existem entre as pessoas, nos estratos sociais a que pertencem, no que respeita à atribuição de alcunhas. Isto, a partir da observação dos seus modos de vida, costumes e rituais de discurso e ação. É de notar que esta investigação define as diferentes posições que são dadas em termos das formas de nomear, sobre-nomear, apelidar e, se quisermos, "ridicularizar o outro" com base nas atitudes linguístico-marginais das pessoas da cidade de Tumaco e nos seus usos repetitivos; tudo isto como parte do discurso quotidiano coloquial e anedótico que tendem a usar em diferentes áreas de interação discursiva. Em suma, analisamos os usos da "linguagem socioletal" ou linguagem sub-padrão que se geram no discurso de pessoas de diferentes idades, de diferentes comunas e de diferentes estratos sociais. Por fim, apresentamos o corpus linguístico obtido que, de forma explícita e interpretativa, revela as formas de nomear um outro sujeito (grupo, académico, par social) utilizadas pelas pessoas hoje em dia. Apresentamos também, através da análise e da interpretação, as associações, as recorrências lexicais, morfológicas e semânticas que daí emergem e que as pessoas tendem a utilizar no seu quotidiano e nos seus processos de gestação de sentido e de sentido anedótico.

Nova vista do outrora turístico Arco do Morro

INTRODUÇÃO

Na Colômbia, especialmente desde a fundação do Instituto Caro y Cuervo (1942), e mais especificamente com a criação do seu Departamento de Dialetologia (1947), juntamente com o interesse e o trabalho assíduo, em muitos casos silencioso mas eficaz, de investigadores nacionais e internacionais, os estudos linguísticos alcançaram um grande desenvolvimento e um lugar muito importante no concerto académico hispânico e mundial.

Sem dúvida que, até aqui, muito foi feito e alcançado. Percorremos um longo caminho, investigando, recolhendo e analisando a realidade viva da nossa língua nacional no seu contexto geográfico e sociocultural12. Isto permite-nos dizer com orgulho que a Colômbia é um dos países hispânicos que mais estudou a língua que hoje é falada por mais de 400 milhões de pessoas no mundo.

O aspeto mais caraterístico dos habitantes do Pacífico é o dialeto, no qual se destacam muitas especificidades dos diferentes pontos de vista da variação linguística, desde a léxico-semântica até à morfossintáctica e à fonético-fonológica, entre outras, que se reflectem no carácter claramente marginal, rodeado de selva e mar, que escapam cada vez mais para mostrar o espanhol falado no Pacífico e que se exprime a partir daí para a Colômbia e para o mundo. As tradições orais afro-pacíficas são apenas um pretexto para mostrar o movimento urbano-rural da cultura afro-colombiana que se vê e sente com cada uma das suas mudanças endógenas e exógenas expressas através da tradição oral e da sua passagem ao texto escrito em prosa ou verso como um elemento importante da presença negra na região que pouco a pouco se nacionaliza na Colômbia e se internacionaliza em todo o mundo.

Com a tradição oral afro-colombiana expressa em poemas, versos, ditos, provérbios e dísticos compilados, em adivinhas, mostram que a cultura afro-colombiana se transporta de afro para afro e até para outros grupos étnicos, conseguindo também banhá-los e cobri-los com o manto e a alegria estoica do quotidiano que caracteriza a diáspora africana no seio da diversidade nacional e internacional. Com a tradição oral dança-se e comunica-se mais. Esta reflexão mostra como a relação triádica entre a tradição oral afro-colombiana (elemento fundamental da fala), a memória e os saberes ancestrais aparecem e desaparecem na comunicação espontânea dos pacíficos para mostrar como, apesar das situações difíceis conhecidas por todos, as expressões identitárias afro-colombianas ainda persistem e como ultrapassam o muro das lamentações para se tornarem portadoras de muitas alegrias que relaxam a alma e fazem descansar os espíritos. Além disso, mãe de ditos e provérbios, portadora de mitos e lendas, fazedora de versos e dísticos, construtora de décimas divinas e humanas, depositária da memória colectiva da região do Pacífico, é a moldadora dos comportamentos infantis e juvenis de muitos de nós. Ela permite-nos ensinar e aprender, recriar e brincar com rondas e adivinhas. Para além de compreender o mundo do ponto de vista afro-colombiano.

JUSTIFICAÇÃO

O presente trabalho aborda, a partir de uma perspetiva sociolinguística, o estudo da alcunha, apelido ou alcunha na fala de diferentes estratos sociais instalados nas cinco comunas, de diferentes estratos socioeconómicos de Tumaco, um porto da costa do Pacífico colombiano. O nosso interesse centra-se em esclarecer por que razão os jovens de estratos sociais mais elevados utilizam atualmente uma "linguagem marginal ou sub-padrão", que tradicionalmente caracterizou e estigmatizou outro sector dos jovens da cidade, de estratos sociais mais baixos.

Para o efeito, analisam-se os diferentes neologismos, expressões e enunciados utilizados pelos jovens do estrato superior em diferentes espaços sociodiscursivos. Do mesmo modo, analisamos a natureza das suas nominalizações e os contextos em que são utilizadas. Constatamos que tais formas de nominalização ou apelido surgem em outro tipo de circunstâncias situacionais características dos sectores periféricos e vulneráveis de Tumaco.

Neste trabalho mostramos, com base em dados obtidos na comunidade escolhida, que o uso de anti-línguas está cada vez mais em voga, na moda, em uso e em referência constante, não só pelos estratos sociais mais baixos, mas também pelos estratos sociais mais altos, cuja linguagem em uso tem sido cada vez mais permeada por formas de nominalização, sobre-nomeação e apelido de um uso sub-padrão, quotidiano e quase marginal, se não total. Do mesmo modo, evidenciamos as diferenças linguísticas e discursivas que existem entre adultos, jovens e mesmo idosos, nos diferentes estratos sociais a que pertencem, no que respeita ao uso dos nomes. Isto, a partir da observação dos seus modos de vida, costumes e rituais de discurso e ação. Note-se que esta investigação define as diferentes posturas que são dadas em termos das formas de nomear, sobre-nomear, apelidar e, se quisermos, "ridicularizar o outro" com base nas atitudes linguístico-marginais dos jovens das comunidades de Tumaco e nos seus usos repetitivos; tudo isto como parte do discurso comunitário quotidiano, que tendem a utilizar em diferentes áreas de interação discursiva. Em suma, analisamos os usos da linguagem da periferia e dos bairros sub-normais ou sub-padrão que se geram no discurso de pessoas de diferentes idades, em média do mesmo género (masculino-feminino), mas de diferentes estratos sociais, habitantes de. Por fim, apresentamos o corpus linguístico obtido que, de forma explícita e interpretativa, revela os modos de nomear um outro sujeito (grupo, académico, par social) utilizados pelas pessoas hoje em dia. Apresentamos também as associações, as recorrências lexicais, morfológicas e semânticas que emergem da análise e da interpretação, e que as pessoas tendem a utilizar no seu quotidiano e nos seus processos de gestação de sentido e de sentido geobarral linguístico.

Notas preliminares.

Este trabalho de investigação inscreve-se no âmbito da sociolinguística enquanto disciplina interdisciplinar orientada para os fenómenos sociolinguísticos do discurso e para a sua presença e/ou recorrência nas comunidades linguísticas em que ocorre. No seu desenvolvimento, mostra, a partir da análise do discurso da comunidade Tumaqueña, o modo como certas formas de enunciação pejorativa são utilizadas para destacar características físicas, mentais, espirituais, psíquicas ou morais de pessoas, grupos de amigos, pares académicos, etc., especialmente os da mesma faixa etária, que partilham espaços discursivos e representações sociais semelhantes do mundo da vida que os constrói.
Neste sentido, com o objetivo de desvendar este fenómeno da fala das comunidades instaladas nos bairros que pertencem às 5 comunas de Tumaco, partimos de uma série de amostras recolhidas na comunidade linguística escolhida, que mostram os usos discursivos quotidianos nas diversas conversas em que se envolvem. Estas amostras foram recolhidas nos diferentes estratos socioeconómicos da cidade e são o resultado da sua própria participação num processo de identidade e enraizamento que implica uma proximidade com os sujeitos em estudo. Isto significa que a presente investigação, sendo u m a abordagem a algo tão próximo da nossa realidade linguístico-discursiva, permite uma perspetiva próxima e fiel sobre o fenómeno sociolinguístico do apelido assumido pelos jovens da cidade de hoje. O "corpus" deste trabalho, como já foi apontado, foi coletado ao longo de dois anos do ano de dois mil e oito (2012-2014) do qual - é preciso dizer inicialmente - contém elementos que podem ser facilmente vistos como um ato de fala ridicularizador: sem que seja especificamente o ato de fala ridicularizador, pois é preciso lembrar que as amostras aqui mencionadas fazem parte de vários atos de fala e não de um em particular. O utilizador da alcunha, "mote", "sobrenome", utiliza-a normalmente com colegas, amigos e familiares, mas também é recorrente com desconhecidos, embora esta última situação seja cada vez menos frequente, em grande parte devido às distâncias percorridas pelos diferentes estratos socioeconómicos, apesar de se inscreverem nas dinâmicas sociais e democráticas do século XXI, onde a aparente igualdade não é mais do que um desafio esperançoso.Do mesmo modo,

vislumbra-se uma influência muito forte das chamadas "línguas marginais", que não são apenas utilizadas na sua grande maioria pelos sujeitos pertencentes aos estratos sociais mais baixos da cidade: parece que estas línguas estão a impregnar cada vez mais os jovens dos estratos sociais médios e, por sua v e z, os falantes dos estratos sociais altos, que estão a recorrer a este tipo de discurso, de recursividade nos eventos intercomunicativos. A causa não é muito clara; poder-se-ia indicar que isto acontece devido à imitação do ambiente, devido à proximidade entre jovens pertencentes a estratos sociais polares, ou simplesmente porque se assume como uma moda social ou tendência para o uso de termos pejorativos que podem tornar-se ofensivos de acordo com a situação e o ambiente em que se manifestam. É esta força que motiva o presente estudo de caso, a fim de mostrar como e porquê os estratos sociais superiores utilizam discursos marginais em determinadas ocasiões, quer por estímulos que desencadeiam a efusividade, o ridículo ou a raiva nas suas realizações linguísticas quotidianas.

Assim, é muito complexo estabelecer a origem do uso da alcunha na língua espanhola, devido, em primeiro lugar, à natureza heterogénea do espanhol, que incorpora uma multiplicidade de línguas nativas americanas no seu percurso de mais de três séculos, uma vez que as línguas vernáculas, bem como a cultura que transmitiram, foram preservadas em alguns componentes linguísticos, como o léxico, adaptando-se à idiossincrasia espanhola e brotando esporadicamente nas acções mais sinceras (quase inconscientes) que revelam um potencial filogenético da alcunha.

Em todo o caso, pode dizer-se que é típico da América Latina que a alcunha sirva de ponte que une as diferentes alteridades na interação social. Esta é a herança de uma divisão social baseada em classes; hoje em dia, é o poder económico nas famílias q u e parece determinar o curso das relações sociais que, sem cair num julgamento maniqueísta do uso da alcunha, pode transcender a forma como tomamos consciência da nossa posição na comunidade de fala, na sociedade e no mundo.
Os apelidos, alcunhas ou alcunhas, grosso modo, são formas de enunciar o outro sujeito. É Tumaco, um município do departamento de Nariño, na Colômbia, onde podemos chamar, a partir da dinâmica do discurso das pessoas dos bairros que vivem nas comunas, "a classificação do que é nomeado "2 , pois as percepções dos ambientes discursivos mostram que já existem, no nosso contexto de Tumaco, três tipos ou formas de nomear alguém: o primeiro tem a ver com o que é "o

apelido" (como aquele nome dado a um sujeito por sua semelhança ou igualdade visual com o que é referido ou enunciado como apelido), o segundo é o "sobrenome" (assumido como aquele modo de nomear em que há um sentido pejorativo), No entanto, em todos os casos de alcunhas não se pretende atacar o outro, mas antes questionar de forma abrupta, talvez libertando tensões para produzir um efeito imediato de proximidade com o interlocutor.É também a forma como nos referimos às personagens violentas da nossa sociedade, no nosso caso no meio Tumaqueño: "o pseudónimo" que se assume como essa re-nomeação que o sujeito, o indivíduo ou o jovem merece pelas suas características violentas, criminosas e, no melhor dos casos, pelas associações que nos discursos juvenis se geram sem corresponder à realidade delinquente ou punível.

É lógico pensar que nossa cidade se tornou um espaço discursivo para os jovens que apresenta marcas lingüísticas que costumam se manifestar no momento da enunciação nas diversas esferas citadinas e juvenis. Dentro dos diferentes a t o s de fala que compõem um evento comunicativo na conversação espontânea, o cotidiano dos jovens está sempre exposto ao uso das variáveis da linguagem que se desdobram em sua natureza social. É isso que, sem dúvida, nos motiva a realizar o presente estudo a partir de uma perspetiva sincrônica e, assim, explicar os fenômenos. sociolingüísticos da transformação do desempenho lingüístico que a fala da comunidade tumachense está sofrendo hoje.
Entende-se, portanto, que a população, objeto da investigação, nos seus rituais comunicativos e discursivos tende a enfatizar as diferenças e as características psicológicas ou físicas de cada sujeito (académico, grupal ou social), sendo então esta comunidade, sujeitos discursivos que tendem a classificar, especificar, determinar ou, em última instância, ridicularizar os outros membros da sua comunidade juvenil, grupal ou sub-cultural. Isto, na medida em que o jovem tende a enquadrar os outros em função das suas características físicas, psicológicas ou das suas mundividências.

Em suma, dar conta, com base num estudo, da universalidade dos apelidos, alcunhas ou alcunhas e da sua sobrevivência nas sociedades de bairro afro-descendentes organizadas em comunas, bem como da sua utilização quotidiana como elementos de identificação e de ligação convivial. Descrever, de um ponto de vista comunicativo, expressivo e criativo, o rico património imaterial das sociedades afro-descendentes manifestado nas alcunhas. Construir um corpus a partir dos registos feitos nos bairros comunais de Tumaco.

QUADRO TEÓRICO CONCEPTUAL

Tendo em conta que este trabalho se refere a uma componente linguística como é o léxico do adolescente venezuelano, é necessário dividir o enquadramento teórico em dois aspectos fundamentais. Em primeiro lugar, serão analisadas algumas definições de léxico e o papel que lhe tem sido atribuído nos estudos linguísticos. Também serão discutidas brevemente algumas características do léxico adolescente. Em segundo lugar, serão referidos os procedimentos de formação de palavras e os aspectos teóricos relevantes relacionados com este tópico que têm sido tratados por diferentes linguistas. Entre os mecanismos utilizados na formação de palavras, será dada ênfase à composição nominal. A importância do contexto na produção de alcunhas também será mencionada.

O estudo do léxico tem sido do interesse de diferentes especialistas, que o analisam sob diferentes perspectivas. Este facto deu origem a discussões, como se pode ver na extensa bibliografia sobre o assunto. Por exemplo, os semanticistas abordam o problema do ponto de vista do significado e da estruturação do léxico em campos semânticos. Por outro lado, outros linguistas estudam-no do ponto de vista dos fenómenos gramaticais. No entanto, ambos concordam com a importância social e cultural desta componente, como refere Sapir (1974): "o vocabulário de uma língua é aquele que mais claramente reflecte o ambiente físico e social dos seus falantes" (p.21). Estas ideias serão retomadas mais adiante.

A seguir, considera-se necessário, antes de mais, apresentar vários conceitos de léxico que nos permitirão situarmo-nos na problemática que será desenvolvida neste trabalho. De acordo com o Diccionario de la R.A.E. (1984), o léxico é: "vocabulário, o conjunto de palavras de uma língua, ou as que pertencem a uma região, a uma dada atividade ou a um dado campo semântico" (p.28). Por outro lado, Seco (1999) considera que o léxico é um conjunto de palavras pertencentes a uma dada região, atividade, grupo humano, obra ou pessoa" (p.2823). Para Mounin (1979), o léxico é um conjunto de unidades significativas de uma língua num dado momento da sua história. Há grandes coincidências entre estes autores, apenas Seco acrescenta a possibilidade de falar do léxico de uma obra como Canaima, Doña Bárbara e de uma pessoa específica (léxico de uma pessoa famosa, por exemplo, Arturo Uslar Pietri). Mounin, por seu lado, sublinha a importância das mudanças históricas inerentes ao léxico de uma região. Estamos de acordo com tudo o que foi dito. É evidente que, dentro do espanhol, se pode falar do léxico do espanhol falado na Venezuela, ou do léxico da região andina, bem como de uma atividade específica, como o discurso de médicos, engenheiros e arquitectos. O léxico desta última faixa etária é o objeto do presente estudo.

Depois de rever estes conceitos de léxico, é necessário rever algumas abordagens linguísticas que deram conta desta componente da língua. Martinet (1969) afirma que, embora os linguistas estruturalistas tenham insistido no carácter sistemático das línguas, muitos deles negam esse carácter ao léxico. No caso dos norte-americanos, pelo menos, a lexicografia vivia à margem das teorias estruturalistas. Hoje em dia, pelo contrário, o objetivo é construir uma lexicologia estrutural, ou seja, um estudo teórico do léxico, atribuindo-lhe um carácter estruturado. Para Martinet (1969), o léxico, tal como a gramática, trata das unidades de primeira articulação ou monemas. Poder-se-ia chamar de léxico todos os monemas que aparecem como artigos independentes nos dicionários comuns, ou seja, o que comumente chamamos de palavras, incluindo unidades como preposições e conjunções. Em linguística, porém, para não dissociar elementos de função análoga, como as preposições e as desinências, as unidades lexicais e as unidades gramaticais são opostas entre si. As unidades lexicais são geralmente consideradas como pertencentes a inventários ilimitados ou abertos, enquanto as unidades gramaticais pertencem a inventários fechados e limitados.

Enquanto a lexicologia tradicional estudava as palavras em isolamento teórico, as tentativas recentes da lexicologia e da semântica estrutural não se limitam ao estudo dos campos lexicais, mas tentam também determinar as latitudes de combinação semântica das unidades lexicais na frase.

Para Martinet (1969), a lexicologia faz parte da linguística, se o seu objetivo é dar conta das reacções verbais dos interlocutores que comunicam entre si. Embora os seus métodos nem sempre tenham sido linguísticos, isso deve-se ao facto de o léxico ser o nível da língua que mais facilmente emerge na consciência dos falantes, porque está diretamente relacionado com o significado e está intimamente ligado à evolução cultural. Hockett (1976), que pertence à corrente estruturalista, considera que descrever uma língua significa analisar aquilo a que chama o núcleo gramatical, uma vez que este constitui o esquema formal da língua, que é adquirido pelos falantes desde muito cedo e que, uma vez adquirido, permanece inalterado ao longo do tempo. A s s i m , apenas se altera a componente lexical, que é responsável pelo preenchimento da parte final deste esquema com palavras. Ou seja, colocar os substantivos que correspondem ao sintagma nominal (SN), ao sintagma verbal (SV), ao substantivo (S), ao verbo (V), ao adjetivo (Adj). Se o núcleo gramatical sofre poucas alterações, o mesmo não acontece com o léxico, que se adapta às necessidades expressivas dos falantes, aos avanços tecnológicos, às mudanças sociais e às mudanças geracionais.Mounin (1979), referindo-se à Gramática Gerativa, salienta que o léxico é um subcomponente que, juntamente com o subcomponente categorial, constitui a base do componente sintático. É constituído por uma lista não ordenada de unidades lexicais e inclui também um certo número de regras de redundância. As unidades lexicais estão associadas a transformações de substituição que inserem essas unidades em posições marcadas pela ocorrência de símbolos complexos nas cadeias geradas pela componente categorial da gramática.

Abraham (1981), sobre o mesmo aspeto, considera que o léxico regista, em princípio, todas as unidades lexicais de uma língua e associa-lhes as informações sintácticas, semânticas e fonológicas necessárias ao correto funcionamento das regras de estruturação das frases (p.125).

Estas ideias mostram que, tanto para os autores gerativistas como para os estruturalistas, o léxico faz parte da gramática de uma língua. No entanto, é de notar que os autores citados concordam com Martinet quanto ao facto de o estudo do léxico pertencer à linguística, como já foi referido.

De outro ponto de vista, Lamíquiz (1975), ao estudar a componente semântica da linguagem, considera viável classificá-la em três ordens: a semântica lógica, que desenvolve uma série de problemas lógicos de significação, estuda a relação entre o signo linguístico e a realidade, as condições necessárias para que um signo se aplique a um objeto e as regras que asseguram uma significação exacta. A semântica psicológica, que tenta explicar porque é que falamos, o que acontece no espírito do falante e no espírito do ouvinte quando comunicamos, qual é o mecanismo psíquico que se estabelece entre o falante e o ouvinte. E, em terceiro lugar, temos a semântica linguística, que trata do significado dentro do sistema de comunicação e descreve o seu funcionamento. Aqui é necessário fazer uma pequena pausa para especificar concetualmente e terminologicamente os seus componentes. Entende-se como pertencente a este domínio, ou seja, tudo o que é linguístico e que se refere ao estudo da semântica e da lexicologia. Por outras palavras, estes termos: semântica e lexicologia estão intimamente relacionados. Na semântica, a unidade lexicológica ou lexema e a unidade de significado ou semantema, têm diferenças, mas através de um exemplo vamos referir-nos às relações linguísticas entre ambas as unidades de diferentes focos, que inter-relacionadas formam o semantema ou unidade de significado. Vejamos o seguinte exemplo: a forma **guarapa**, que encontramos em negrito, no Diccionario del Habla Atual de Venezuela (1994), está localizada alfabeticamente na letra **G**, é o lexema, uma forma estudada pela lexicologia. A sua definição completa, que encontramos em 2) Bebida refrescante preparada com sumo de fruta, especialmente sumo de limão ou de ananás, muita água e papelón. Esta definição é o semema que é estudado no funcionamento semântico. O registo completo do termo, ou seja, a sua forma lexicológica ou lexema e a função semântica ou semema, como um todo, inter-relacionados, constituem o semantema. Por outras palavras, para Lamíquiz, o léxico está intimamente ligado à semântica. Tendo em conta a controvérsia histórica sobre se o estudo do léxico corresponde à linguística ou à lexicografia, este trabalho parte do princípio de que o léxico pode ser estudado de diferentes perspectivas, mas sem deixar de lado os níveis morfossintácticos da língua, bem como as estratégias pragmáticas utilizadas pelos falantes.

Apelido: um ato de fala motivado

Sabe o que é uma alcunha? Já sofreu a angústia de ter uma alcunha? Sabes o que os teus amigos te chamam? Gostas? Ofende-o? Faz-te sentir infeliz? São muitas as perguntas que poderíamos fazer sobre este fenómeno linguístico socioletal.

De acordo com LOZANO RAMÍREZ, (1999), o apelido "é um ato de criação ou recriação linguística motivada, muito expressivo, através do qual o sujeito apelidador dá um novo nome aos seus semelhantes, de acordo com as características que evocam na sua mente a imagem de um objeto, coisa, sujeito ou circunstância e que identificam a personagem que recebe esse novo nome". A necessidade constante do falante de designar realidades leva o utilizador da língua a despertar na sua memória (cérebro) imagens que estão prontas a ser activadas, permitindo a criação deste signo linguístico. O falante possui uma imensa capacidade associativa que funciona como uma máquina em busca da nomeação, e.g: Correlón, Piangua, Cautiza, Caballo, Donsega.

Certamente, ninguém escapa de ter uma alcunha. Elas não surgem do nada, têm sempre uma motivação e é esta que leva o alcunhado a descarregar sobre os outros a força emocional suscitada pelas características dos sujeitos por razões diversas: afeto, amor, ódio, raiva, malícia, jocosidade, emoção, tristeza, inveja, amizade, inimizade, etc. Desde a Antiguidade até aos nossos dias, os homens têm alcunhas. Não se trata de um fenómeno novo. O que é novo para a criação linguística são as características, as circunstâncias, as condições socioculturais e as intenções das pessoas nas diferentes épocas. Assim, a alcunha, enquanto fenómeno linguístico motivado, é sempre matizada pela coloração emotiva, festiva, humorística, sarcástica ou rude que lhe dá o falante que cria ou recria o signo. As alcunhas ou apelidos são palavras que constituem uma unidade de discurso altamente económica do ponto de vista linguístico. Sintetizam uma grande quantidade de informação, intenções comunicativas e atitudes de convívio que são compreendidas, sobretudo, pelos seus utilizadores frequentes, como é o caso das pessoas do meio rural que mantêm relações de convivência muito próximas. São eles os mais capazes de descodificar com precisão o significado, os sentidos e as intenções destes apelativos em função da situação comunicativa, do contexto e de outras variantes pragmáticas, para além das puramente semânticas e prosódicas. Estes apelativos são, juntamente com outros de natureza semelhante, discursos sintéticos geminados sob o hiperónimo de alcunhas.

Importância do contexto

Em parágrafos anteriores, discutiu-se a importância do contexto na criação do léxico e notou-se como, através desta componente da língua, era possível apreciar não só fenómenos linguísticos, mas também fenómenos socioculturais e psicológicos presentes nos indivíduos e nos grupos sociais. Foi também sublinhada a importância do ato comunicativo na formação das palavras. É necessário sublinhar que qualquer enunciado verbal ou escrito tem origem em três tipos de contextos: psicológico, social e situacional. O primeiro refere-se à relação que pode existir entre os participantes no evento comunicativo. Tem a ver com o facto de os enunciados verbais serem adequados às acções neles implícitas: um pedido, uma ordem, por exemplo, implica a necessidade de uma certa relação entre o falante e o ouvinte. O contexto psicológico está intimamente relacionado com o conhecimento partilhado entre o falante e o ouvinte. Este contexto está relacionado com o conjunto de suposições que o emissor intui sobre o recetor. O contexto social é muito complexo, tem a ver com o comportamento social em várias circunstâncias culturais, como já foi referido: costumes, tradições, história. Atualmente, o contexto social é fortemente influenciado pelo papel dos meios de comunicação social: jornais, rádio, televisão, publicidade, Internet. Atualmente, são talvez as forças mais poderosas que permeiam o uso da língua. Este facto é evidente no corpus recolhido neste trabalho, uma vez que muitas das alcunhas são retiradas dos meios de comunicação social. O contexto situacional inclui, neste caso, todos os aspectos exteriores ao ambiente que envolve o ato comunicativo e que podem, de alguma forma, influenciar os mecanismos da sua produção e compreensão. Ou seja, elementos como: o ambiente físico, cerimonial, formal, o estado de ânimo, a alegria, a familiaridade, contribuem para que um ato comunicativo possa cumprir a tarefa proposta pelo emissor.O conceito de contexto é essencial para todos os estudos linguísticos que serão abordados numa perspetiva pragmática ou discursivo-textual. Precisamente, o aspeto que mais claramente define este tipo de estudos e, ao mesmo tempo, os distingue dos realizados de um ponto de vista estritamente gramatical, consiste no facto de os primeiros incorporarem dados contextuais na descrição linguística. Halliday (1983) fala do ambiente textual ou contexto, isto é, dos enunciados que rodeiam o que está a ser considerado para análise, uma vez que o significado concreto adquirido pelas palavras, enunciados e discursos depende, em grande medida, do que foi dito antes e do que vem depois.

A criação e o reconhecimento de factores contextuais são os aspectos fundamentais da comunicação humana. O contexto é dinâmico e as pessoas envolvidas numa troca comunicativa têm de o construir, criar, alterar e interpretar. Neste processo, podem ocorrer certos elementos como o ambiente físico e cultural e certas normas ou tendências comportamentais colectivas interiorizadas cognitivamente sob a forma de quadros ou guiões. No entanto, são as pessoas, através das actividades que realizam, que actualizam estes factores, tornando-os uma parte significativa do que está a acontecer. Assim, neste estudo, são os adolescentes e o seu léxico que estão constantemente a renovar a sua forma de falar, através da atualização de diferentes contextos sociais e psicológicos.

O que são alcunhas?

A definição do dicionário da R.A.E. (1984) refere, por um lado, que: é um nome que se dá habitualmente a uma pessoa, tirado dos seus defeitos corporais ou de outra circunstância qualquer, e, por outro lado, é uma anedota ou ditado engraçado com que se descreve uma pessoa ou coisa, geralmente por meio de uma comparação engenhosa. Esta definição adapta-se aos resultados encontrados no corpus deste estudo, como se verá mais adiante. Na mesma linha, Ledezma e Obregón

(1989) afirmam que a criação de apelidos pelos adolescentes é um mecanismo importante na produção do humor. Os recursos linguísticos utilizados na criação de alcunhas são variados, em alguns casos o processo é simples, pois trata-se de identificar uma caraterística física com algum aspeto da realidade. Pode tratar-se de animais ou também de plantas, por exemplo, **gorilón** (semelhante a um gorila), **taparón** (semelhante a uma tapara), em ambos os casos o sufixo **-ón** , dá-lhe um tom enfático e humorístico. Outros, pelo contrário, são complexos na sua estrutura porque, nalguns casos, a composição nominal desempenha um papel muito importante, por exemplo: **zancadilla,** que é a fusão de zancudo com ladilla e que se refere a uma pessoa muito irritante. Na investigação acima mencionada, Ledezma e Obregón (1989) analisaram apenas uma pequena amostra do corpus recolhido em entrevistas a alunos com idades compreendidas entre os 14 e os 16 anos. Os investigadores seleccionaram as alcunhas em cuja formação se manifestam processos complexos que mostram a criatividade do adolescente. Este trabalho constitui um antecedente da pesquisa que está sendo realizada, pois aprofunda esses processos complexos de formação de apelidos por adolescentes venezuelanos.O falante utiliza os recursos próprios da língua no processo nominativo para sua criação. Assim, o falante tem duas formas de elaborar o seu ato de fala. Uma é morfológica e a outra semântica. A partir da morfologia, os apelidos são criados: 1. por derivação (diminutivos: Benitín, Cebollita; aumentativos: Carietón, Lagrimón; depreciativos: Viejorro, Bojote, Pecueco; superlativos: Blanquísimo, Tontorrísimo). 2. Por composição (Camaralenta, Cristoviejo). 3. por transplante (simpson, Barbie, Brownie, Batman). Do ponto de vista semântico, são criados por metáfora, metonímia, sinédoque; o sujeito é associado a animais, plantas, frutos, objectos, produtos, actividades, instrumentos de trabalho, profissões ou ofícios, vida religiosa, corpo humano, defeitos, virtudes, etc.*. Nas classes altas, são abundantes, assim como nas classes médias e baixas. De acordo com estes níveis de linguagem, existem alcunhas que vão desde as mais originais, nobres, gentis, jocosas ou humorísticas, até às mais grotescas, vulgares, satíricas e denegridoras, tais como: Careniño, Niñodios, Bastantica, Patapicha, Virgojecho, Sabañón, Mocotieso, entre outros. Não podemos nem devemos confundir os termos apelido (carecrimen, gusano, bacteria), nome (Blanca, Juan, Andrés), alcunha (el valiente, el manco), pseudónimo (Dartagnan, Cleofás), hipocorístico (Chepe, Pepe, Pocho), pseudónimo (Sangrenegra, el Patrón) porque, embora se refiram ao novo nome dado ao sujeito, diferem em nuances significativas. Assim, a alcunha, enquanto fenómeno linguístico motivado, é sempre matizada pela coloração emotiva, festiva, humorística, sarcástica ou rude que lhe dá o locutor que cria ou recria o signo.

Apelidos ou alcunhas

Como referimos na introdução, as alcunhas existem em todo o lado, da mesma forma que os nomes próprios ou outros tipos de alcunhas surgem com uma função identificativa e denominativa. Mas também é verdade que se utilizam muito mais em sociedades ou grupos humanos em que existe uma convivência próxima, como uma aldeia, um bairro, uma escola, um local de trabalho ou um local de trabalho que favorece algum tipo de contacto humano entre as pessoas que partilham o ambiente de trabalho. Desta forma, aparecem em todo o mundo rural espanhol, europeu e latino-americano, bem como nas culturas indígenas americanas e australianas, para dar alguns exemplos. Podemos dizer, portanto, que o uso de alcunhas é um fenómeno universal que responde a necessidades e condições sociais comuns que favorecem a sua utilização. Trata-se, em última análise, de mais uma necessidade socializante que faz com que a língua se adapte às necessidades comunicativas dos seres humanos, que nela procuram utilidade e estética.

A razão pela qual as alcunhas aparecem deve-se, sem dúvida, ao facto de terem de cobrir uma série de necessidades comunicativas, sociais, emocionais e estéticas. Servem para distinguir, identificar, especificar a identificação; para marcar uma relação entre algumas características da alcunha e o seu apelido, bem como para estabelecer postos ou grupos sociais, para fornecer valores afectivos, para introduzir conotações, para classificar,

Economizar na linguagem ou ganhar relevância, ofender, encorajar e praticar a criatividade, estabelecer comparações, jogar com a linguagem, literaturar - são certamente muitas as razões pelas quais as alcunhas surgem e são usadas, e muitas as funções que servem, embora por vezes seja difícil estabelecer com precisão quais são as prioritárias e quais são as secundárias.[3]

Embora à primeira vista possa parecer que o declínio do mundo rural implicaria o desaparecimento das alcunhas, a realidade mostra que não é esse o caso, uma vez que as alcunhas sobrevivem e continuam a ser utilizadas. Podemos ver isso todos os dias na vida quotidiana. São utilizadas nas relações familiares, de amizade, de vizinhança, de trabalho, desportivas e educativas, seja nas escolas, nos institutos ou nas universidades, onde nem mesmo o pessoal docente é "poupado".

Em suma, as alcunhas sobrevivem e sobrevivem de muito boa saúde. Mesmo se olharmos para a literatura, podemos verificar a sua validade; e se o fizermos na imprensa e nos meios de comunicação social, nos círculos desportivos ou políticos, podemos facilmente constatar que quase todas as pessoas - figuras públicas - têm as suas alcunhas ou apelidos, mais ou menos respeitosos, aceites ou rejeitados - e a atitude de rejeição manifesta da alcunha deve ser cuidada, porque, se se sentir raiva quando é usada, essa alcunha ficará consolidada e esta universalidade da alcunha confirma que ela responde a uma necessidade comunicativa. É por isso que sobrevive com toda a naturalidade, como todas as fórmulas comunicativas que utilizamos para a convivência. Assim, vemos que os toureiros, os pugilistas, os ciclistas, os artistas, os políticos e as pessoas da vida pública são todos merecedores de alcunhas. Por vezes são alcunhas novas que respondem à perceção que o público tem delas; por vezes são a recuperação de alcunhas de infância que se tornam públicas como a própria personagem; por vezes são alcunhas que respondem a razões e circunstâncias diversas e imprevisíveis.

Esta é a realidade das alcunhas, de que o dicionário diz que é um "nome dado habitualmente a uma pessoa, tirado dos seus defeitos corporais ou de alguma circunstância, de suso. Uma piada ou ditado humorístico usado para descrever uma pessoa ou uma circunstância, de suso. coisa, geralmente por meio de uma comparação engenhosa". (DRAE, 1992: 1 12)2. E podemos encontrar todo um campo semântico em torno deste tipo de apelativos: alcunha, apelido, alcunha, alcunha, pseudónimo, alcuña, alcuño, malnombre. Em suma, todo um conjunto de termos denominativos em que se inscrevem alcunhas ou apelidos e que se baseiam regularmente na comparação engenhosa de defeitos, características ou circunstâncias.

Como se pode ver, há muitas alcunhas que podem ser tipificadas. No entanto, se nos debruçarmos sobre as alcunhas em particular, é útil estabelecer uma base comum para as identificar. No nosso estudo sobre alcunhas ou apelidos, sobretudo se forem consolidados ou familiares, estabelecemos alguns requisitos para que possam ser considerados como alcunhas completas. Entre eles, podemos citar os seguintes: I. Cumprem as funções apelativa e distintiva, por excelência. 2. Têm uma duração muito longa e acompanham a pessoa apelidada praticamente toda a sua vida. **3. São** transmitidos hereditariamente à família ou a alguns dos seus membros. 4. Sofrem um processo contínuo de desidentificação4 . A capacidade de identificação destas alcunhas é tão grande que algumas pessoas famosas sobrevivem na memória colectiva devido à sua alcunha-pseudónimo, como se pode ver nos exemplos seguintes...

Como já referimos, consideramos que a definição de Moliner é a que melhor se adequa à nossa visão de alcunhas ou apelidos. O lexicógrafo define-os da seguinte forma:

alcunha. "Cisco. Alcunha por vezes aplicada a uma pessoa, entre as pessoas comuns, e muito frequente nas aldeias, onde é transmitida de pai para filho; mote. "Alcunha. Alcunha, geralmente alusiva a alguma qualidade, semelhança da pessoa a quem é aplicada, pela qual essa pessoa é conhecida. Especialmente as utilizadas nas aldeias, que se transmitem de pai para filho e que geralmente não são consideradas ofensivas (Moliner, 1998)[5]. Este autor dá-nos ainda três orientações importantes: 1, que abundam ou são frequentes nas aldeias; 2, que são transmitidas de pais para filhos; e 3, que ocorrem "entre as pessoas comuns "[6], embora, "geralmente, não sejam tomadas como ofensivas". Estes são, de certa forma, alguns dos princípios que entendemos serem os requisitos para que um termo atinja a categoria plena de alcunha ou apelido.

Cumprem as funções apelativa, distintiva e social. 2. Duram muito tempo e acompanham a pessoa apelidada praticamente para toda a vida. 3. Transmite-se hereditariamente à família ou a alguns dos seus membros. 4. Sofrem um processo de desanticização contínuo (Ramírez, 2003). No entanto, é importante clarificar o significado destas designações a partir da perspetiva dos camponeses, tal como eles nos expressaram nos diferentes inquéritos que realizámos. A perceção que têm deles é a seguinte: 1. **Sobrenombre:** termo pouco conhecido e sem uma localização linguística clara para a maioria deles; depois de explicado, é sentido como um termo fino e culto de alcunha ou apelido, pouco proveitoso na sociolinguística do povo. 2. **Apodo:** alcunha suave, quase um eufemismo para mote. 3. Mote: é o termo puro da alcunha rural, o mais frequente e difundido como apelativo no meio rural. É atribuído a uma pessoa por diferentes razões, por vezes sem intenção pejorativa, como síntese linguístico-expressiva de um sinal de identidade, de uma anedota, de uma cumplicidade; mas noutras com uma intenção ligeira, média ou fortemente ofensiva: é um identificador claro e, em muitas ocasiões, é extensivo à sua família[6].

As alcunhas e os seus sinónimos, do nosso ponto de vista, e depois destas incursões no campo lexicográfico e no campo dos significados percebidos no ambiente pesquisado, são termos, palavras, sintagmas, frases ou sintagmas nominais ou frases que perduram e que, muitas vezes, têm um matiz pejorativo, apesar da opinião de alguns utilizadores, compiladores e académicos que afirmam que não há intenção de ofender e que os nomeados não são incomodados, identificam sempre pessoas e, muitas vezes, caracterizam-se pela caricaturização linguística e por uma vasta gama de motivos sociais e de convívio.

Pensamos que a perceção de que o verdadeiro valor da alcunha reside no seu sentido figurado e intencional e não no sentido direto do termo (Moreu Rey, 1981) é muito correcta, exceto no caso daquelas que respondem diretamente a um ofício, a um nome próprio ou a um apelido; e poderíamos dizer que, mesmo nestes casos, acaba por acumular valores e sentidos figurados e acrescentados que, através do tom, indicam e conotam algumas características das alcunhas e da relação de convívio entre os interlocutores. Em síntese, pode dizer-se que as alcunhas se inserem na ciência da onomástica (antroponímia), ou seja, aquela que se ocupa dos nomes próprios de pessoas. É preciso ter em conta que as alcunhas foram os primeiros nomes próprios a sofrer um processo gradual de destipificação. O estudo desses nomes fornece muitas informações sobre crenças, formas de organização social e relações de tratamento, trato e convivência.

Estes nomes pessoais individualizados ou alcunhas, quer sejam muito formais (nomes próprios e apelidos) ou informais (alcunhas ou apelidos), foram atribuídos e utilizados de forma diferente de uma cultura para outra, mas o processo foi sempre o mesmo. Os nomes próprios, os apelidos e as alcunhas são as formas mais frequentes de identificar as pessoas, por vezes com um único termo, outras vezes com uma combinação deles para distinguir as pessoas designadas. Convém recordar que o primeiro nome próprio era a alcunha, o apelido ou a alcunha, da qual derivava o nome próprio oficial, administrativo e legal; mas, como já foi dito, o primeiro era a alcunha. No entanto, devido à identificação oficial das pessoas nas sociedades actuais, hoje em dia é muitas vezes ao contrário, primeiro é atribuído o nome próprio e depois a alcunha; um bom exemplo disto é o processo de criação de alcunhas e m algumas comunidades aborígenes na Austrália (Morgan, 1991).

Em todo o caso, devemos salientar que, embora o estudo destes apelativos esteja atualmente a ser aprofundado, muito há ainda a fazer, pois muitos dos trabalhos sobre eles se reduzem à mera recolha e compilação das alcunhas que ocorrem em algumas aldeias. Trata-se de um campo complexo e difícil de trabalhar, entre outras razões, pelo seu forte carácter identificador e pelo valor semântico residual de muitos deles com sentido negativo, o que pode originar problemas, inclusive legais, no estudo e, sobretudo, na publicação de termos como El Mierda,

Basura, Matabuelas, Caraculo, etc. No entanto, existe uma abundante bibliografia (Comissão IDATP, 1954 e seguintes), estudos do século XIX (Godoy, 1871), alguns do século XX (Moneu Rey, 1981; Barrio, 1995), outros do século XXI (Ramos, Da Silva, 2002); (Mangado, Ponce de León, 2007) e algumas teses de doutoramento sobre estes termos em tempos recentes (González, 1993, Ramírez, 2003)[7].

Classificação das alcunhas

É um facto que as nossas sociedades estão a tornar-se cada vez mais frias, que a convivência é cada vez menos humana e afectuosa, que estamos a tornar-nos quase autómatos que circulam pelas ruas sem sequer olhar para aqueles com quem nos cruzamos. Mas, felizmente, esta situação, que é muito comum nas nossas cidades densamente povoadas, ainda não se verifica nas aldeias. Viver numa aldeia significa relacionar-se, contactar, comunicar, lidar diariamente com o outro e, porque não, conhecer-se por alcunhas, porque a alcunha nasce no fundo de uma necessidade de comunicar, de contactar com o outro, de se referir ao outro e, por isso, aproxima-nos e estreita os laços que, numa pequena cidade, como uma teia de aranha, nos ligam uns aos outros.

Obviamente, este fenómeno das alcunhas não é exclusivo de uma aldeia em particular, mas faz parte do património etnográfico de todos, e seria muito revelador e cativante compilá-las e classificá-las extensivamente ao nível de um concelho ou mesmo da região. Isso contribuiria muito para definir uma idiossincrasia, uma maneira de ser. Antes de mais, convém distinguir as alcunhas dos apelidos e das alcunhas. A diferença em relação ao apelido é evidente, pois este último é-nos transmitido de geração em geração e tem um carácter oficial e administrativo e uma validade universal e intemporal.

As alcunhas e os apelidos, no entanto, só são válidos na nossa aldeia e não têm, obviamente, qualquer validade para fins administrativos ou burocráticos. Embora a diferença entre eles e os apelidos seja clara, a distinção entre os dois conceitos não é tão clara. Na minha opinião, a alcunha nasce com uma intenção puramente diferenciadora, é transmitida durante várias gerações, tornando-se uma referência do clã. Já o apelido nasce com um propósito pejorativo, originado por alguma condição negativa, defeito físico, e originalmente se refere a uma pessoa específica. O que acontece é que, com o tempo, pode se tornar um apelido, abrangendo uma linhagem mais ou menos extensa.

A verdade é que ambos são de uma enorme variedade e riqueza, reflectindo engenho e, por vezes, o que se pode chamar coloquialmente de más ideias, especialmente os apelidos.

Por ser este o âmbito em que vivo a minha vida, vou centrar este tema numa povoação concreta, a minha, Abarán, a povoação das rodas de água e da varanda da Ermita, do Parque do Segura e do Teatro Cervantes com as paredes salpicadas de notas de zarzuela, do beijo ao Menino a cada 6 de janeiro e do desfile de Gigantes e Cabezudos no final de cada mês de setembro. Aqui, como em todas as aldeias, o valor do apelido é pouco diferenciador, pois Gómez, Ruices, Carrascos, Torneros, Cobarros, inundam o Registo Civil. E Joaquín Gómez Gómez Gómez, para dar um exemplo, poderiam ser dezenas. O mesmo acontece em Blanca com os apelidos Cano, Molina, Núñez... ou em Ricote com os apelidos Torrado, Miñango, Candil... Deste problema surgiu a necessidade de acrescentar algo para distinguir um Gómez de outro, por exemplo. Já no século XVI, encontramos algum apelativo diferenciador, que se refere ao lugar onde se vive, e assim falamos de Ginés Gómez de la Plaza e Ginés Gómez de la Calle. É evidente que se trata de uma aldeia muito pequena, constituída apenas pelo que é hoje o seu bairro antigo.

Passando aos nossos dias, com base numa compilação alfabética feita pelo meu amigo Indalecio Maquilón de Jerines, fazendo uma degustação ou seleção entre as centenas de alcunhas/apelidos recolhidos, poderíamos tentar agrupá-los em campos semânticos para estabelecer uma certa ordem numa selva tão abundante. Embora uma tarefa ainda mais curiosa e interessante seria investigar a razão de ser de cada alcunha, algo que na maioria dos casos se nos perde nas brumas do tempo, já que muitas delas nascem de um acontecimento específico ou de uma circunstância muito concreta impossível de seguir ao longo do tempo, já que não existe qualquer registo oral ou, muito menos, escrito das mesmas.

Contentar-nos-emos, portanto, em dar um agradável passeio por esta floresta de apelativos, tentando efetuar uma certa classificação do ponto de vista semântico ou, por vezes, fonético.

a) Nomes de animais: águias, coelhos, galinhas, pintos, lagartos, grilos, ratos...

b) Nomes de ofícios (alguns dos quais já não existem): "alañaores", "talabarteros", "garbanceros", "quincalleros", "santeros", "morcilleros"...

c) Defeitos ou virtudes físicas/morais: zarolho, aleijado, maneta, zarolho, triste, bufo...; bem-parecido, rápido...

d) Frutos ou leguminosas: albercoques, abóboras, feijões, ...

e) Nomes que, por serem pouco frequentes, se tornam alcunhas: anacletos, doroteos, baldomeros, toribios, cornelios, damianes, casimir os, ramones...

f) Vários substantivos para alimentos, objectos, partes do corpo...: refrigerantes, jarros, minas, rabos, coletes, porrões, punhos, pestanas, bacon, ...

g) Gentilicios: Galegos, mulatos, catalães...

h) Substantivos compostos, formados por dois lexemas, a maioria deles conseguindo uma combinação original que não faz parte do léxico espanhol, e que obedecem a estruturas diferentes:

a) verbo-
substantivo: pelagatos, matacristos, pinchapuertas, tragapuertas, faratacarr os, buscavidas, cagatintas, mascaquesos ...

b) substantivo-adjetivo: patascortas, perrosgordos,

c) substantivo-substantivo: peñalejas

i) As palavras novas são frequentemente obtidas por uma combinação de sons marcantes, sendo muito frequente o da letra "ch", uma palavra por vezes   reduplicado: pachos, peruchetes, chiqueles, chairos, chairos, chiquetos, chuanes, chispes, chismos, chuchetes, chuchos, cachuchas, cachuchines, chichas....A Às vezes   esta reduplicação é de outros sons: tatines, capitotos, patetas, tutos, cucas, pololo...

j) Nomes de toureiros famosos: arruzas, gaonas, curritos, manoletes...

Esta é apenas uma pequena amostra de toda uma série de alcunhas das mais variadas, que são pinceladas no quadro em que se desenha a vida de uma aldeia, de qualquer aldeia. Geralmente, não é um problema para ninguém ter a alcunha (tenho muito orgulho em ser Jarras e Peñaleja), embora haja pessoas que não a aceitam de bom grado.

Este facto deu origem a mais do que uma discussão ou mesmo à rutura de relações em mais do que uma ocasião. Embora se deva compreender que nem todas as pessoas podem saber se cada um aceita ou não a alcunha que lhe caiu em sorte ou infortúnio, porque a verdade é que, embora não se procure o insulto ou a desqualificação pessoal, há alcunhas que são como uma laje que paira sobre toda uma família, geração após geração, e é muito difícil livrar-se delas. Por isso, há uma frase que se usa e que põe fim a qualquer situação deste género, exortando o ofendido a aguentar a alcunha que lhe aparece:

- Quem vos deu "bodega" devia ter-vos dado "cámara última".

Como já referimos anteriormente, seria muito esclarecedor e sugestivo conhecer a origem de cada alcunha. Felizmente, sabemos o nome de alguns que nasceram numa fábrica de madeira, vulgarmente conhecida como La Leva, que nos anos 50 e 60 empregava centenas de jovens e adolescentes. Quando um novo trabalhador entrava na fábrica, era submetido ao rito de batismo e recebia o que era uma alcunha, embora com o tempo muitas se tenham tornado alcunhas, passando para as gerações seguintes. Algumas delas denotam grande engenho por parte do "celebrante":

- "donelías": esta alcunha foi dada a um jovem que tinha uma pequena calva na cabeça, como os padres da época, e como havia um padre na aldeia chamado Don Elías, foi batizado assim.

- "picolino": Picoli era o nome de uma personagem de banda desenhada muito pouco atraente. Quando disseram ao jovem que ia ser batizado com este nome, ele não quis e gritou: "Picoli não, Picoli não, Picoli não". E o "celebrante" disse-lhe que e l e   já se tinha batizado a si próprio.

- "polvo": esta alcunha foi dada a um jovem que tinha pernas muito compridas e que parecia enredar-se nelas.

- "bajoca": este jovem recebeu inicialmente um nome que não lhe agradava e, como pertencia à família Alubias, foi batizado com este nome, que aceitou.

- "novillo", um jovem que pertencia à família dos Chirros e que, por ser muito jovem, recebeu este nome.

- "O Papa": uma vez, por ocasião de uma festa religiosa, o pároco organizou um desfile e um jovem de batina branca num carro alegórico representava o Pontífice, e desde então é conhecido por esta alcunha.

Como podemos ver, o nascimento de uma alcunha ou de um apelido é, na maioria das vezes, fruto do engenho e é por isso que são um bom exemplo da idiossincrasia do povo, de qualquer povo.

Olhando para o futuro, é uma realidade que o tipo de vida e de sociedade em que estas alcunhas nasceram já é muito diferente do atual, e que a forma como os nossos jovens, as gerações que nos sucedem, se relacionam entre si está a seguir uma direção diferente. Apesar disso, se é verdade que algumas dessas alcunhas já não são usadas por eles, também é verdade que estão a surgir outras que, como alcunhas em princípio, servem para se baptizarem umas às outras, embora essas alcunhas tenham certamente uma vida muito mais curta do que as alcunhas que foram passadas de geração em geração, fazendo parte da identidade de uma comunidade e contribuindo para aquele encanto particular, tão evocativo, e para alguns tão desconhecido, de viver numa aldeia.

A alcunha e as suas características

1. **Respeito: Antes de mais,** uma alcunha deve ser respeitosa. Não deve ofender, humilhar ou denegrir a pessoa a quem se refere. Uma boa alcunha é aquela que é dada com afeto e que a pessoa aceita com prazer.

2. **Relevância:** Deve ter algum tipo de relevância para a pessoa a que se refere. Pode estar relacionado com o nome da pessoa, uma caraterística física, um traço de personalidade ou uma história ou anedota.

3. **Originalidade:** Uma alcunha original pode ser divertida e memorável. Tente não o tornar numa alcunha comum ou genérica.

4. **Aceitação:** É importante que a pessoa a quem a alcunha é atribuída a aceite e se sinta confortável com ela. Se a pessoa se sentir ofendida ou desconfortável, é melhor deixar de a usar.

5. **Positividade:** Uma boa alcunha deve ter uma conotação positiva. Evite alcunhas que realcem aspectos negativos ou que possam ser interpretadas de forma ofensiva.

Encontrar a alcunha perfeita depende muito dos seus interesses, personalidade e preferências. Aqui estão algumas dicas para o ajudar a encontrar uma alcunha de que goste:

Reflicta sobre os seus interesses: Pense nos seus passatempos, actividades favoritas, desportos ou qualquer outra coisa que o apaixone. Muitas vezes, as alcunhas relacionadas com os seus interesses pessoais podem ser uma boa escolha.

Considere a sua personalidade: É extrovertido, introvertido, engraçado, sério ou criativo? A sua personalidade pode ser uma fonte de inspiração para a sua alcunha. Por exemplo, se for uma pessoa amigável, pode considerar alcunhas amigáveis e simpáticas.

Brinque com as suas características físicas: Por vezes, as alcunhas são derivadas de características físicas ou características distintivas. Pode ter em conta a cor do cabelo, a altura, a cor dos olhos, etc., para criar uma alcunha única.

Utilize um gerador de alcunhas online: Existem muitas ferramentas em linha que geram automaticamente alcunhas com base nos seus interesses e preferências. Pode experimentar algumas delas para obter ideias.

Peça a opinião de amigos e familiares: Por vezes, as pessoas que lhe são próximas podem ter ideias criativas para uma alcunha que se adeqúe à sua personalidade. Por exemplo, uma divertida "alcunha para irmã" pode surgir durante uma reunião familiar.

Seja criativo: Não tenha medo de ser criativo e de pensar fora da caixa. As alcunhas únicas e originais são muitas vezes as mais memoráveis.

Experimente diferentes opções: Não se apresse a escolher uma alcunha. Experimente diferentes opções e leve o tempo necessário para decidir qual delas lhe agrada mais.

Certifique-se de que é apropriado: Certifique-se de que a sua alcunha é adequada e respeitosa. Evite utilizar alcunhas que possam ser ofensivas ou inadequadas.

Modos discursivos das alcunhas

A unidade comunicativa do discurso é complexa de definir e depende das perspetivas a partir das quais é vista. Como diz García, 2010, "nos últimos anos, o discurso tornou-se uma das palavras-chave para muitas disciplinas e tem sido abordado a partir de diferentes perspectivas...", gerando uma certa confusão devido às inter-relações entre as ciências linguísticas e sociais. Consideramos o discurso como o uso de uma estrutura verbal, um instrumento comunicativo e cultural, e uma forma de interação sócio-comunicativa num determinado contexto e situação. Se considerarmos o discurso como linguagem e como prática comunicativa social, linguística e textual, encontramos diferentes modos: social, administrativo, académico, institucional, jurídico, jornalístico, conversacional, instrucional, convivial, pragmático, literário, narrativo, descritivo, intelectual, religioso, político, conservador, progressista, místico, realista, fantástico, transcendente, etc. "ligeiro", etc., e popular. Vamos centrar-nos, em particular, nos discursos de convívio popular rural. E dentro dessa categoria discursiva, serão abordadas diferentes subcategorias, a fim de contemplar a rica gama de discursos produzidos nesses ambientes.

Tudo isto é suscetível de ser matizado, dada a natureza flexível e polissémica do termo discurso. Em nosso entender, ligá-lo-emos preferencialmente ao princípio da adequação, ao registo comunicativo em que é construído, tendo em conta o uso social, a situação do emissor, do(s) recetor(es), as intenções comunicativas e todas as circunstâncias que envolvem o contexto comunicativo em que se desenrola a ação comunicativa discursiva.

E é nestas sociedades que adquirem grande relevância certas unidades discursivas que se caracterizam pela sua capacidade de síntese, como as já referidas alcunhas, as saudações expressivas com interjeições como "ei!", com tonalidades e cadências prosódicas muito significativas do ponto de vista relacional, pois marcam graus de empatia, confiança, distância, cumplicidade, etc.e outras que, a título de exemplo, mostram o carácter sintético da fala nas aldeias, como é o caso de algumas expressões utilizadas pelos camponeses e pastores para manejar e conduzir o gado: no caso das aballerias e mulares, arre 'ir para a frente ou andar', so 'parar ou parar', güesque 'virar à esquerda', güellaó 'virar à direita' (Mangado, 2007); ou alguns sons paralinguísticos que indicam ir para a frente ou parar ao ritmo e grau em que os sons são pronunciados, como chell-chellchell.... 'avançar com firmeza', soh-soh-soh... 'ir devagar e parar'.

Alcunhas no bairro ou no mundo comunitário

Há anedotas muito representativas da utilização social das alcunhas que se repetem em quase todos os bairros organizados em comunas. Podemos citar a quase impossível identificação de alguns vizinhos pelo seu nome oficial, uma vez que toda a gente os reconhece exclusivamente pela alcunha. É o caso de Vida suave, Cucaña ou Baile en bote, entre muitos outros, nas Comunas que tomámos como referência, onde se contam algumas anedotas, como a de não conseguir identificar alguns vizinhos pelo seu nome e apelido, mas sempre pelas suas alcunhas, o que é um claro indicador do grande poder destas alcunhas para os identificar com precisão. Este fenómeno levou à criação, em algumas aldeias, de "listas telefónicas" específicas com alcunhas, devido ao desconhecimento ou à confusão quanto à identidade oficial de muitos deles. Há também o caso de pequenos estabelecimentos comerciais que acabam por ser designados pela alcunha dos seus proprietários, como nos casos específicos de El Serrano e Canejo. Também é muito frequente nas Astúrias e em algumas aldeias de La Rioja, entre outras, que os avisos de falecimento acrescentem o apelido para uma melhor identificação e como sinal de identidade amplamente aceite pelas famílias, como é o caso dos já mencionados Capitán, Chospas e Tacuesa. Há mesmo algumas famílias que o acrescentam nas suas lápides. Tudo isto dá uma ideia do grau de utilização destes apelativos no mundo rural.

No domínio por excelência da criação e sobrevivência das alcunhas, não podemos esquecer a função "estética" ou criativa das alcunhas (Ramírez, 2005a). Em quase todas as aldeias há pessoas com uma grande habilidade e tendência para atribuir alcunhas aos seus vizinhos devido a uma intuição e capacidade especial que lhes permite captar sinais atitudinais, corporais, comportamentais, etc., o que as leva a criar palavras como caricaturas lexicais das alcunhas. Como já dissemos, o poeta Federico García Lorca foi considerado um grande alcunhador. Talvez seja por isso que os nomes de algumas personagens das suas obras dramáticas são tão relevantes e exactos: Yerma, Angustias, etc.

Utilização social de alcunhas

Já mencionámos alguns dos usos sociais das alcunhas como identificadores e como expressões geradoras de laços de confiança, cumplicidade positiva e familiaridade. A maior parte dos casos acima referidos referiam-se a alcunhas aceites e positivas, mas também temos de considerar aquelas que conotam aspectos negativos para os seus portadores e que implicam mal-entendidos, incompreensões e zangas. Em alguns casos, são liminarmente rejeitadas pelas alcunhas, o que não significa que se percam: a realidade social mostra que quanto pior é a aceitação de uma alcunha, mais ela se mantém em vigor e em uso, mesmo que não seja utilizada em frente da pessoa apelidada. Como se diz muitas vezes nas aldeias, a melhor maneira de ganhar uma alcunha e de a perpetuar é mostrar raiva e desacordo com ela; automaticamente, o povo tende a registá-la como um elemento de identificação preferencial da pessoa que a rejeita: há uma certa cumplicidade colectiva em reforçar essa alcunha e uma certa teimosia consensual em fazê-lo.

Quanto à aceitação ou rejeição das alcunhas, são várias as razões pelas quais são assumidas ou rejeitadas, bem como a sua relevância consoante as situações, os contextos, por quem e perante quem são utilizadas. É óbvio que alguns se referem a aspectos, razões ou anedotas que são tolerados e até "apreciados" em determinados momentos, embora não em todas as situações. Temos de ter em conta que algumas das alcunhas surgem nas próprias famílias (portanto, sem intenção ofensiva), outras no ambiente escolar, nos gangues juvenis, nos meios desportivos, de lazer, de trabalho, profissionais, etc.; e as restantes são herdadas como património familiar e social em que, tal como em muitos nomes próprios, já perderam o seu valor semântico direto e original.

Quais são as alcunhas mais aceites? Podemos dizer que aquelas que não remetem para significados ofensivos, rudes, desqualificantes, insultuosos, etc., são aceites sem grande problema. E o mesmo acontece com aquelas que são herdadas e cuja origem e significado direto se perdem no tempo. Alcunhas como Tecle, Risio, Sopas, Ajito, entre muitas, muitas outras, são aceites, até com orgulho, pela maioria dos habitantes da aldeia, embora na aldeia, sim. Também pelo que implicam em termos de herança e pertença, como é o caso de expressões como "Yo soy de los Pandos, Casquetones, Carinas, Pichoches, etc.", ou os já referidos casos da sua utilização em empresas, em necrológios e até em lápides. Um exemplo da importância das alcunhas pode ser encontrado, por exemplo, noutros ambientes, como no Manolito Gafotas literário de Elvira Lindo, quando El Orejones chega a dizer que é melhor ter essa alcunha do que nenhuma porque, se não, "não se é ninguém". São exemplos e realidades que mostram o valor das alcunhas como sinais pessoais de identidade e de pertença familiar ou social. E quais são as menos aceites ou rejeitadas? Obviamente, aqueles que remetem para significados desqualificantes ou circunstâncias não aceites pelos apelidos. É perfeitamente compreensível que alcunhas reais como Mierda, Basura, Mocazos, Morrotorcido, etc., sejam inaceitáveis para os apelidados, sobretudo porque muitas delas decorrem de avaliações negativas, circunstâncias adversas, deficiências, aparência física, experiências dolorosas e comportamentos inadequados ou desqualificantes. Além disso, como já foi referido, se a alcunha não for aceite, tende a enraizar-se e a ser utilizada com maior frequência, tornando-se fonte de escárnio e de riso por parte de quem a utiliza para identificar o apelidado, mesmo na sua ausência. Em contrapartida, é bem conhecido o carácter jocoso, por vezes zombeteiro e algo malicioso do alcunhado "profissional", que é regularmente reconhecido pela sua intuição, brilho, criatividade e, como se diz nas aldeias, um pouco de "mala leche".

Neste sentido, a nossa opinião e atitude é que devemos ser muito respeitosos na atribuição e utilização de alcunhas, evitando todas aquelas que tenham conotações negativas e ofensivas e que não sejam aceites pelo apelidado. Por esta razão, realizámos uma investigação-ação educativa em várias escolas e centros educativos para refletir sobre a pertinência ou não do uso de alcunhas, especialmente aquelas que podem implicar uma agressão dolorosa e traumática para algumas pessoas, sobretudo na fase infantil e juvenil.

No entanto, devemos dizer que a maioria dos habitantes das sociedades rurais com mais de 35 anos os utiliza como fórmula habitual. E é habitual que aqueles que utilizam mais frequentemente alcunhas e apelidos sejam, por sua vez, aqueles que acumulam mais alcunhas para a sua própria identificação, distinção e caraterização. Em qualquer caso, e sem menosprezar a sensibilidade do tema, que sem dúvida é, em toda a investigação foi necessário adotar uma certa atitude eclética, mas sensível e comprometida com os valores da convivência. Foi muito conveniente ultrapassar os preconceitos em torno da questão das alcunhas e alguns dogmatismos que teriam empobrecido o estudo e as acções educativas (Ramírez, 2003 e 2005[a]) e ensombrado a utilidade e o património eminentemente rural que muitas destas alcunhas constituem para quem as usa com bom senso e boa fé. Exemplo disso é a notícia que apareceu nos meios de comunicação social sobre a publicação dos apelidos de Huétor Vega, Granada (Pérez-Rejón, 2002)[8] na Tele 5 a 1 de junho de 2001 e no Ideal de Granada das mesmas datas, onde R. Urrutia escreve o seguinte:

Os habitantes de Huétor Vega ficaram tão satisfeitos por verem as suas alcunhas publicadas num livro que, depois de esgotada a primeira edição de Huétor Vega y sus vecinos, de Francisco Pérez-Rejón Martínez, com mil exemplares, foi publicada uma segunda edição com mais 500 exemplares. O livro contém praticamente todas as alcunhas dos habitantes e das famílias de Huétor Vega ao longo do tempo, muitas das quais ainda se mantêm nas gerações mais jovens. O carácter popular do texto, o intenso trabalho de investigação realizado pelo autor e o carinho com que são tratados todos os vizinhos e as suas alcunhas fizeram com que a primeira edição se esgotasse num curto espaço de tempo. Quase um terço dos exemplares foi solicitado por hueteños emigrados, alguns até para países da América Latina. O livro contém mais de uma centena de alcunhas e apelidos até ao início do século e inclui secções dedicadas aos presidentes de câmara, aos diferentes padres, aos juízes ou às praças e valas de rega.
Pensamos que este é um bom testemunho de uma avaliação positiva deste elenco de vozes, bem como da forma como as alcunhas são recolhidas, catalogadas e estudadas para conseguir a sua aceitação. Este facto contrasta com outros em que se verificam mal-entendidos, desagrados e até conflitos ocasionais. A abordagem de Pérez-Rejón aos apelidos orienta-nos para a abordagem e atitudes com que estas investigações devem ser efectuadas. E um bom exemplo disso é a receção muito positiva que o artigo comenta, e que se liga ao tema dos valores, precisamente na afirmação que faz quando fala do "afeto com que todos os vizinhos e as suas alcunhas são tratados". Certamente que

este bom tratamento do tema dos apelidos com grandes doses de profissionalismo, calma, empatia, bom senso e qualidade humana nas relações, entre outras razões, é uma das razões pelas quais o estudo e o livro têm sido tão procurados pelos habitantes ou descendentes de Huétor Vega.

Enquanto discurso pragmático, a alcunha é um ato de fala muito rentável e de uso corrente: podemos dizer que, nas aldeias, praticamente todos os vizinhos têm a sua própria alcunha com um elevado grau de capacidade de identificação e distinção. Alguns deles têm mais do que uma, a familiar e outras pessoais que adquiriram em alguma fase das suas vidas por diferentes razões. O uso destas alcunhas é quotidiano e natural para a população rural e mantém-se também nalguns contextos urbanos com raízes rurais e consciência das mesmas. Nas aldeias, o uso é geralmente direto e inequívoco; nas cidades, é geralmente usado em contextos específicos que evocam a vida camponesa a que se pertencia originalmente.

Em ambos os casos, são percepcionados diferentes graus de respeito e empatia, dependendo de quem os utiliza, a quem são dirigidos, com que intenção, em que momento, perante quem, em que situação e circunstância, em que chave comunicativa, em que clima de confiança, cumplicidade e reciprocidade. Este uso generalizado das alcunhas dá-nos, pois, indícios mais do que suficientes para as classificarmos como discursos sintéticos de carácter muito prático nas relações sociais, sobretudo no meio rural. O facto e a realidade já referida de se ter de recorrer quase obrigatoriamente ao uso de alcunhas para identificar as pessoas confirma o seu carácter sintético e pragmático: Fernando Martínez pode haver vários - nas aldeias os nomes e apelidos repetem-se com frequência - e pode ser inidentificável, mesmo depois de se ter rastreado os apelidos e a ascendência paterna e materna, mas Mielero só há um, Nano Mielero; o mesmo se pode dizer de Jesús Ruiz, que também pode haver vários, mas Forris só há um, Chuchi Forris; e muitos outros casos semelhantes. O mesmo se pode dizer das listas telefónicas por alcunhas que se criaram em algumas aldeias, umas vezes municipais, outras empresariais ou associativas, para poder identificar corretamente os vizinhos. Do mesmo modo, podemos citar o hábito mencionado de designar algumas empresas pelo apelido do proprietário ou da família (escavadoras Canejo). Mas talvez o exemplo mais emotivo da utilidade das alcunhas seja a sua utilização nos avisos de falecimento (Milagros Chospas) e nas lápides dos cemitérios das aldeias (Ángel Capitán).

CONTEXTO: UMA ABORDAGEM AO PACÍFICO COLOMBIANO

A região do Pacífico colombiano é uma das regiões mais ricas em termos de biodiversidade e de recursos de todos os tipos. Para se ter uma ideia, basta referir alguns exemplos: estima-se que a região tenha uma das mais altas taxas de endemismo continental de plantas, ou seja, espécies exclusivas de uma região terrestre, 8 ou 9 mil espécies de plantas das 45 mil que existem na Colômbia; estima-se também que 11% de todas as espécies de aves conhecidas no mundo e 56% das espécies colombianas estejam representadas na região. São 10 milhões de hectares de grande variedade ecossistémica que permitem que a região seja reconhecida pela sua grande riqueza ictiológica, com cerca de 400 espécies de água doce e marinha, sendo a aquacultura responsável por cerca de 20% da produção piscícola do país. Em termos de minerais, é conhecida pelos seus grandes depósitos de ouro e platina, outros minerais de potencial utilização são o cobre, o manganês, o crómio, o ferro, o carvão e a magnetite. Como se isso não bastasse, a ECOPETROL estima em 36 milhões de barris de petróleo e cerca de 45 milhões de metros cúbicos de gás. A região do Pacífico dispõe ainda de um potencial de 248 rios, integrados na bacia hidrográfica do Pacífico, que são vitais para as comunidades ribeirinhas e para o mundo, onde o recurso é limitado.

A região do Pacífico caracteriza-se pela existência de ecossistemas estratégicos com imenso potencial que devem ser protegidos. Devido à sua biodiversidade, o Pacífico é reconhecido como um dos lugares mais privilegiados do planeta e é um ponto estratégico para a inserção do país na economia mundial e um fator fundamental para a sua competitividade.

Setenta e nove por cento dos seus ecossistemas não foram transformados; a região tem quatro parques naturais nacionais e um santuário de vida selvagem; a região foi declarada reserva florestal para proteção do solo, da água e da vida selvagem. No entanto, apesar do seu grande potencial, o Pacífico é uma região pouco estudada: apenas 1% dos investigadores e 2% das instituições trabalham no Pacífico.

A outra face da moeda no Pacífico é o facto de a região ser a mais pobre do país, de acordo com fontes oficiais. Todos os indicadores pelos quais o desenvolvimento é medido no Pacífico são os mais elevados. Por exemplo, enquanto na Colômbia, no seu conjunto, o analfabetismo funcional (menos de três anos de escolaridade) é de 15%, no Pacífico esta percentagem sobe para 18%. Relativamente à saúde, a mortalidade infantil, que ronda os 19 por mil na Colômbia, é de 54 por mil na região, a subnutrição na Colômbia é de 13,6% e no Pacífico é quase o dobro: 24%. Os departamentos de Nariño e Cauca apresentam as taxas mais elevadas de desnutrição crónica: 24%, enquanto a média nacional é de 13,6%. Em relação ao país, a região do Pacífico tem a maior taxa de desnutrição devido à baixa altura para a idade na faixa etária de 10 a 17 anos.

Falar dos povos étnicos do Pacífico, tanto indígenas como afro-descendentes, significa antes de mais reconhecer que estes povos contribuem para a atual estrutura cultural, ambiental e social da região, a partir de dinâmicas próprias e impostas, que se reflectem tanto nos seus processos de resistência física e simbólica como nos seus processos de adaptação e sincretismo, que incluem também a ascensão e a crise das suas identidades, bem como os seus processos migratórios. É preciso também consultar a história regional, com seus processos de povoamento e mobilidade, suas relações com a sociedade nacional e regional, as ondas de colonização, os booms extrativistas e a expansão do sistema de economia de mercado, fatos que, sem dúvida, geraram profundas transformações em seus territórios e sistemas culturais. De acordo com o Conselho Nacional de Política Económica e Social - CONPES 3491 (2007:6), propõe-se uma política de Estado para o Pacífico colombiano que contém a aplicação ao Pacífico da política "Estado Comunitário: desenvolvimento para todos". Tem como objetivo inserir esta região no desenvolvimento nacional e internacional no âmbito de um programa estratégico de reativação social e económica, que procura melhorar as condições de vida dos seus habitantes e tem em conta as condições naturais e étnicas do ecossistema da região.

O PACÍFICO: UMA COMUNIDADE LINGUÍSTICA

Tumaco é uma comunidade linguística porque a grande maioria dos seus habitantes são membros activos de "...um grupo de seres humanos que utilizam a mesma língua ou o mesmo dialeto num dado momento, o que lhes permite comunicar entre si..." (Jean Dubois, 1979:30). Do mesmo modo, uma comunidade linguística é "... um grupo de pessoas que formam uma comunidade, uma região, um município, um bairro, uma nação, e que têm pelo menos uma variedade de fala em comum..." (Richards et al. 1992).

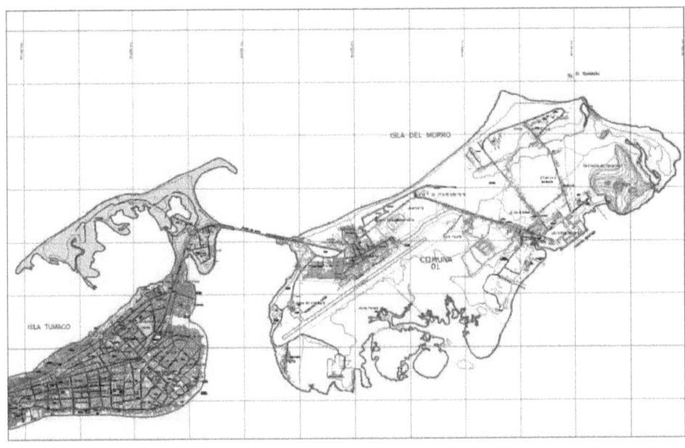

Ora, uma comunidade linguística deve ser definida sobretudo em termos das variedades que utiliza, do seu registo e das suas normas linguísticas de interação, bem como das suas competências1. Para isso, é necessário ter em conta que... "...uma comunidade linguística não é homogénea; é sempre constituída por um grande número de grupos com comportamentos linguísticos diferentes; a forma da língua que os membros desses grupos utilizam tende a reproduzir de uma forma ou de outra, na fonética, na sintaxe ou no léxico, as diferenças de geração, de origem ou de residência, de formação ou de profissão e as diferenças socioculturais". (Dubois. J. 1979).

No contexto acima referido, é de salientar que, para além da comunicação recíproca entre bonaerenses através de um código comum, existe também a possibilidade de alguns membros desta comunidade partilharem dois ou mais códigos diferentes do da comunidade maior; é o caso das comunidades indígenas. Assim, uma comunidade linguística pode ser dividida e subdividida em numerosas comunidades inferiores; um indivíduo pode pertencer a várias comunidades linguísticas ao mesmo tempo. Finalmente, o conceito de comunidade linguística implica apenas que certas condições específicas de comunicação sejam satisfeitas, num dado momento, por todos os membros de um grupo e apenas por eles; o grupo pode ser estável ou instável, permanente ou efémero. De base social e/ou geográfica. A região do Pacífico é uma comunidade linguística porque a maioria das pessoas que a habitam comunicam através da língua espanhola, utilizam o dialeto geral da costa do Pacífico e partilham sobretudo a variante dialetal predominante da costa. As alcunhas ou apelidos têm um carácter universal e são utilizados desde o início dos tempos em todas as sociedades humanas como antecessores dos nomes próprios e dos apelidos. Foram e são apelativos utilizados em círculos próximos para identificar com exatidão as pessoas que apelidam. É comum senti-los consubstanciados em sociedades rurais e, consequentemente, em formas de falar de carácter popular e coloquial, distantes dos usos oficiais estabelecidos pelas normas cultas de tratamento. Por vezes, devido ao significado de algumas delas, são consideradas alcunhas ofensivas e não é raro encontrar uma certa resistência de muitas pessoas a serem chamadas dessa forma. É certo que algumas alcunhas estão longe de ser palavras agradáveis e positivas para quem as utiliza, embora noutras ocasiões remetam para significados mais aceites. No entanto, no caso das alcunhas, como em quase todas as facetas da vida, as coisas não são nem pretas nem brancas. Pelo menos não totalmente. A realidade transforma-se para mostrar a sua magnífica complexidade. Com efeito, não são exclusivas das aldeias, nem são sempre rejeitadas; assim, encontramos estas alcunhas não só nas zonas rurais, mas também em qualquer círculo de proximidade: grupo de amigos, escolas, bairros, equipas desportivas, grupos de artistas, etc. Do mesmo modo, as alcunhas nem sempre têm conotações negativas e nem sempre são rejeitadas pelo apelidado. E verificamos também que a aceitação ou não desta alcunha informal e oficiosa tem muito a ver com o grau de confiança, emotividade e cumplicidade de quem a utiliza. Este artigo pretende mostrar como as alcunhas constituem um discurso sintético e muito rentável, devido à economia de linguagem que implicam, além de clarificarem e gerarem laços de convivência e produções linguísticas muito criativas. O poeta Federico García Lorca foi ele próprio um grande procurador durante o seu tempo na Residência de Estudantes de Madrid. E tanto ele como outros autores, como Miguel Delibes (El camino, Las Ratas,) e Camilo José Cela (Tobogán de hambrientos), para dar alguns exemplos, tipificaram muitas das suas personagens através de alcunhas que se tornaram metáforas muito precisas e de grande precisão identificativa, como uma caricatura linguística das referidas personagens nas suas obras literárias.Este trabalho tem a sua origem e antecedentes no interesse do autor pelos modos de vida das sociedades rurais, que o levou a desenvolver os seus estudos de doutoramento, dissertação e tese de doutoramento sobre alcunhas, bem como noutras investigações sobre onomástica que tem vindo a desenvolver nos últimos anos e em várias publicações sobre o tema. Mas a origem prístina está na pertença e ligação do autor ao mundo camponês em que nasceu, cresceu e vive. Daí a preocupação e a ocupação de compilar e estudar estas alcunhas, bem como de as analisar não só numa perspetiva linguística e sociolinguística, mas também a partir dos seus usos concretos e do que implicam enquanto elementos de relação e convivência. De certa forma, ao longo dos anos, tem-se procurado recuperar, através destas alcunhas tão profundamente enraizadas nas relações rurais, parte do património imaterial em risco de desaparecer ao mesmo tempo que o mundo agrícola e pecuário em que mais se desenvolveram está em declínio.Este artigo pretende, assim, oferecer e partilhar uma breve panorâmica de um tema que nos parece original e sobre o qual estamos constantemente a trabalhar.1 É composto por várias secções em que o tema será abordado numa tripla perspetiva: 1. 2. A sociedade de bairro urbana organizada em cinco (5) comunas e alguns discursos sintéticos de convivência. 3. O uso social das alcunhas no mundo do bairro urbano.

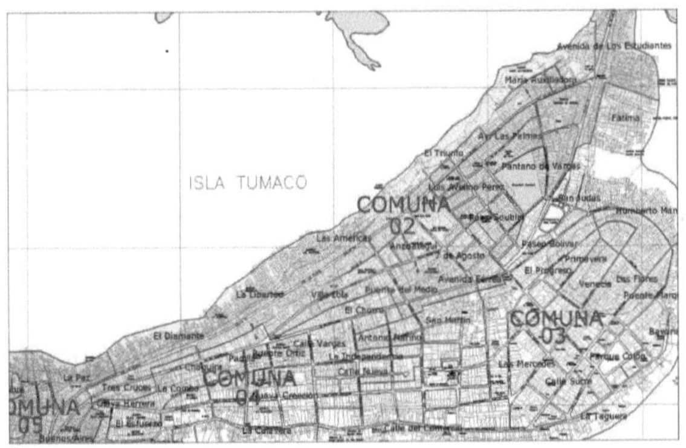

METODOLOGIA

Este trabalho enquadra-se no tipo de investigação dialetal, porque descreve uma trama ou aspeto de uma língua: o apelido, num lugar e dentro de um contexto social, Tumaco, com uma sincronia na recolha de dados, no final do início de 2012-2013, e utiliza técnicas ou métodos da dialetologia, disciplina considerada como o ramo da linguística, que "deve dar razão da variedade e da variação intradiasistemática" (Montes, 1995, p. 115). 115), ou seja, a razão da variação ou variações de uma língua num espaço geográfico ou, como diz Luigi Heilman, citado por Montes, "o estudo da unidade na variedade, isto é, o modo como um conjunto de normas, variedades e variantes se integram num todo maior" (Montes, 1995, p. 71). Ora, se uma língua é um sistema de signos produzidos por uma comunidade ou sociedade na sua comunicação interindividual - um facto social - e a dialetologia, com o seu método, a geografia linguística, permite recolher parte ou a totalidade desta forma de expressão linguística, produzida pelos falantes de uma comunidade, determinada no tempo e limitada espacial e socialmente, esta investigação enquadra-se nos padrões linguísticos da disciplina dialetal.

RECOLHA DE DADOS

A recolha de informações é o período prático do processo de investigação, a parte fundamental do mesmo. Permite, a partir do trabalho de campo, estabelecer o estado da questão ou do fenómeno sob investigação. A investigação linguística na Colômbia conheceu recentemente um grande impulso, graças ao impulso que o Instituto Caro y Cuervo deu ao estudo do espanhol colombiano, juntamente com o esforço e o trabalho de instituições e centros de ensino superior, que assumiram com responsabilidade e empenho a necessidade de estudar o sistema linguístico que utilizamos como meio de comunicação. Até à data, foram realizados alguns trabalhos e investigações, breves ou extensos, sobre este tema. No entanto, muito há ainda a fazer. Este é, pois, mais um contributo para o conhecimento do espanhol tumacoense. Para a sua realização foram tidos em conta os seguintes factores:

O questionário

Foi elaborado e aplicado um pequeno questionário de 19 perguntas, dividido em dois grupos principais, como se segue: A- Generalidades e B- O fenómeno a ser investigado. A primeira parte corresponde a: nome do informante, local de nascimento, sexo, idade, profissão ou ofício e sector onde vive o informante. A segunda parte tem a ver com a alcunha propriamente dita: alcunha, origem, motivação, descrição, descrição física da alcunha (características), tempo da alcunha, quem lhe deu a alcunha, onde é dada, porque é dada, gosta, porque gosta, não gosta, porque não gosta, e algumas observações. Do ponto de vista metodológico, o questionário é um dos recursos mais frequentes e, por ser útil, importante e prático, tem sido utilizado desde a antiguidade na investigação linguística, "porque concentra o objeto de estudo de uma forma insuperável, aborda diretamente o assunto com um poder ilimitado de expansão e profundidade e, como é de esperar, produz dados linguísticos com precisão e economia" (López Morales, 1994).

O inquérito: os inquéritos foram realizados durante os últimos meses de 2012 e os primeiros meses de 2013. O trabalho de inquérito é o resultado do trabalho realizado por mim, enquanto professora de línguas, tutora na área da língua e da matemática no programa PTA e PNLE do Ministério da Educação Nacional, e como membro da Redlenguaje de Colombia, no acompanhamento de professores de leitura e escrita. Aí tive a oportunidade de orientar trabalhos finais de professores que desenvolviam projectos de sala de aula, em relação à recolha de informação lexicográfica e desinências dialectológicas de bairros e aldeias do município de Tumaco. Como tarefa de revisão e verificação do trabalho realizado por professores e alunos nestes programas académicos, realizei vários inquéritos complementares.

No início, a minha intenção não era muito ambiciosa e consistia apenas em recolher uma pequena amostra, para apresentar algumas observações sobre o fenómeno das alcunhas no boletim do Nó Linguístico do Pacífico da Rede Linguística Colombiana. No entanto, com essas primeiras recolhas e uma conversa com professores de Linguística, apercebi-me da importância de alargar a amostra para o trabalho do curso. Realizei então um questionário final, que me permitiu, na companhia dos alunos, recolher este material riquíssimo que constitui o corpus linguístico do trabalho.

Assim, a primeira parte dos inquéritos poderia ser chamada de trabalho exploratório sobre a realidade linguística a investigar. A segunda parte, o trabalho propriamente dito, foi a recolha do corpus, na qual participaram nada menos que 96 alunos e 40 professores. Os inquéritos destinavam-se apenas a recolher material suficiente para este estudo. O meu interesse com os alunos era induzi-los a praticar e recolher uma amostra de um fenómeno de fala particular na população de Tumaco e a sua incidência nas Comunas: O apelido. Esta tarefa foi realizada e avaliada como trabalho final de curso e com os professores como suporte para os artigos que estavam a escrever sobre o fenómeno. Por isso, os inquéritos tiveram diferentes durações. Os inquéritos iniciais, ou de base, foram realizados no segundo semestre de 2012. Estes inquéritos permitiram-me explorar o fenómeno linguístico e, posteriormente, estabelecer a validade e a fiabilidade do instrumento final a utilizar. Os outros inquéritos, definitivos, foram realizados no primeiro e em parte do segundo semestre de 2013.

O questionário foi testado num inquérito-piloto, aplicado a alguns colegas do Nó da Língua e a professores da instituição onde trabalho, homens e mulheres que conheço, o que permitiu a sua validação e fiabilidade. O instrumento final foi aplicado, por alunos finalistas que estudam estrategicamente nas cinco comunas, a homens, mulheres, jovens e adultos, nativos de Tumaqueños, residentes, imigrantes, de diferentes profissões ou ofícios, e residentes nas Comunas 1, 2, 3, 4 e 5 do município de Tumaco.

Devido ao grande número de alunos dos últimos anos da Media Académica, foi possível recolher muito material. Para o efeito, os alunos foram divididos em grupos de 5 e cada um deles teve de aplicar pelo menos 3 inquéritos, entre familiares, amigos, conhecidos, colegas, vizinhos, etc., ou seja, cada grupo trouxe-me 15 questionários. Por isso, a amostra era tão grande e muito rica.

Os informadores. Os informadores são o produto da seleção que os estudantes determinaram, de acordo com os parâmetros dados. Ou seja, de acordo com o grau de amizade, familiaridade, vizinhança, etc., o entrevistador aplicou o questionário. Em nenhum momento foi necessário aplicar o questionário a um grupo ou número específico de pessoas, nem foram definidas por género, idade ou origem. Assim, os informantes constituem um grupo heterogéneo de homens e mulheres, jovens, adultos, profissionais ou não, estrangeiros ou nativos, residentes nos diferentes bairros e sectores da capital.

A amostra. É constituída pelos 750 registos recolhidos durante os anos de 2012 e 2013, nos inquéritos realizados através do questionário final, num total de 1250 alcunhas.

ANÁLISE E INTERPRETAÇÃO DOS RESULTADOS

Os gráficos que se seguem correspondem a algumas das perguntas do questionário, seleccionadas para clarificar aspectos da função do apoco na fala tumaqueña.

Gráfico 1 Pergunta n.º 6 Momento da alcunha.

GRUPO I	47%	MENOS DE 5 AÑOS
GRUPO II	14%	ENTRE 5 Y 25 AÑOS
GRUPO III	31%	ENTRE 5 y 15 AÑOS
GRUPO IV	8%	MÁS DE 26 AÑOS

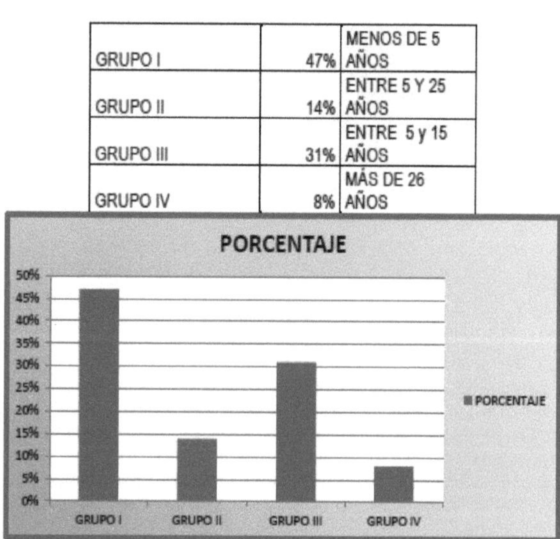

A visualização gráfica desta questão permite-nos corroborar que a alcunha, enquanto fenómeno linguístico, marca o sujeito desde a infância até ao seu desaparecimento. Assim, observam-se quatro grandes grupos, indicativos do tempo da alcunha, que vão da primeira infância à maturidade e, certamente, para além da morte do possuidor do infeliz ou afortunado, conforme o caso, ato de fala.

PERCENTAGEM

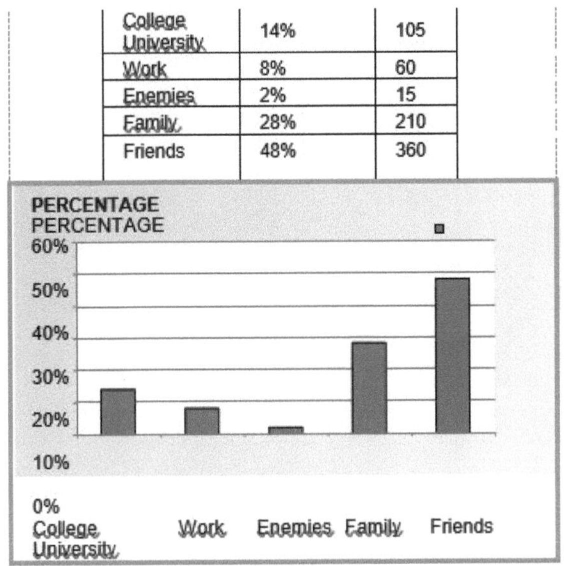

College University	14%	105
Work	8%	60
Enemies	2%	15
Family	28%	210
Friends	48%	360

Quando questionados sobre o autor da alcunha com que foram baptizados, 48% dos **informantes** responderam amigos; 28% familiares; 14% escola ou universidade; 8% colegas de trabalho; 2% mais do que inimigos, e uma percentagem muito baixa que não sabe. Isto mostra que são de facto os "amigos" que dão mais alcunhas e que, por várias razões, conseguem o seu objetivo. É com eles que se passa mais tempo no quotidiano. Os familiares fazem-no por afeto. Os inimigos fazem-no por razões pessoais. Na escola ou na universidade, os colegas divertem-se e partilham com o sujeito a sorte ou a desgraça da alcunha. Se juntarmos este último ao grupo dos amigos, concluímos que aqueles que estão mais próximos do sujeito, sentimentalmente ou emocionalmente, são os que o mortificam ou o recompensam com uma alcunha (os amigos).

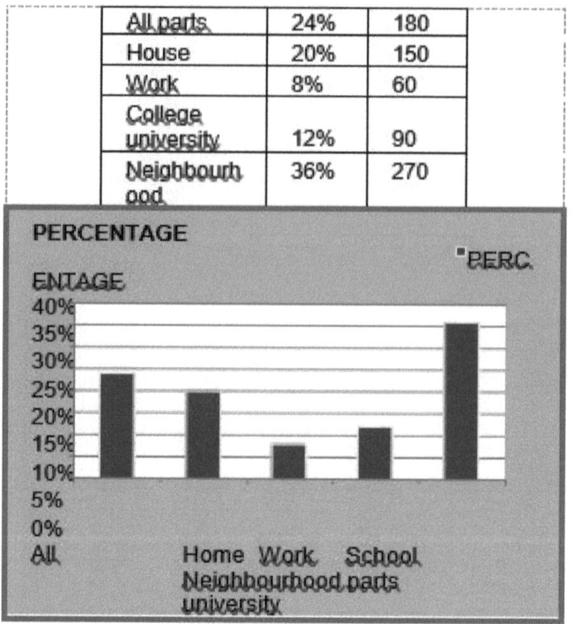

All parts	24%	180
House	20%	150
Work	8%	60
College university	12%	90
Neighbourhood	36%	270

De acordo com o gráfico, as alcunhas são ditas em todo o lado, indireta ou diretamente, ao alcunhado. Mas é na vizinhança que são mais frequentemente utilizadas. Isto mostra, como no gráfico anterior, que são os amigos de infância ou sociais que usam a máscara da amizade para dizer esta ou aquela alcunha. Da mesma forma, na universidade, na escola ou no trabalho, o companheirismo permite o seu uso indiscriminado. Em casa, a situação é menos grave, mas onde quer que o sujeito se encontre, a sua alcunha funciona como um elemento evocativo da situação que a criou. Em suma, a alcunha funciona como uma cadeia, que nasce em qualquer lugar, tempo ou circunstância, e que se desloca com o sujeito em todos os lugares.

Indiferente	13%	97,5
Não	21%	157,5
Sim	66%	495

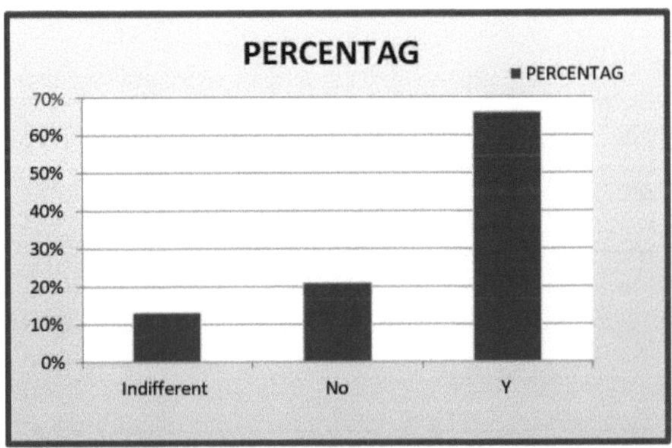

A partir do gráfico, pode-se inferir que os informantes (homens e mulheres), em boa parte (66%), gostam do apelido; apenas 21% não gostam e 13% são indiferentes a ele. Constata-se, portanto, que os falantes de Tumaqueño gostam da alcunha, estão satisfeitos com ela ou habituaram-se a ela. Isto permite-lhes certamente utilizá-lo sem restrições na vida quotidiana. É claro que a grande maioria das alcunhas da amostra é suave ou simpática para os sujeitos que as usam, como também há alcunhas cruéis ou sarcásticas, que humilham ou ridicularizam

Familiar	13%	97,5
Desconocido	20%	150
Amigo conocido	67%	502,5

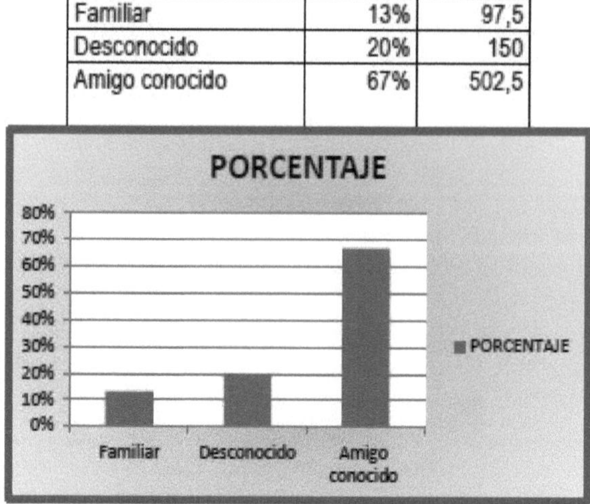

A análise do gráfico mostra que 67% dos entrevistadores recorreram aos seus amigos ou conhecidos (escola, bairro, trabalho), 20% a desconhecidos e 13% ao núcleo familiar. O seu conhecimento e relação com os informadores facilitou um pouco a obtenção da informação. Isto mostra, mais uma vez, que o contacto com as pessoas do grupo social facilita o seu conhecimento ou, pelo menos, o acesso mais fácil aos seus membros para obter este tipo de informação.

Figura 7 Pergunta n.º 14 Sector onde vivem os inquiridos

Commune N° 1	10%	75
Commune N° 2	10%	75
Commune N° 3	20%	150
Commune N° 4	26%	195
Commune N° 5	34%	255

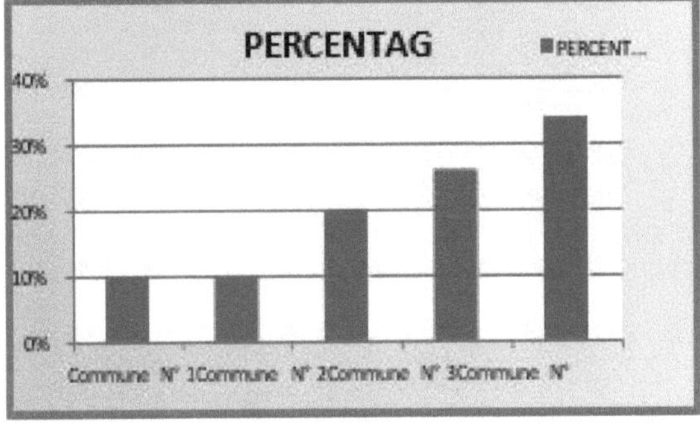

O gráfico mostra que os inquiridos vivem nos diferentes pontos cardeais da capital do município. A grande maioria reside na comuna 5 (34%); 26% na comuna 4; 20% na comuna 3; 10% na comuna 2; e 10% na comuna 1. Este último é o grupo que contribuiu com menos informações para a amostra. Na Comuna 2, apesar de se tratar de um sector comercial e complexo, foi inquirido o mesmo número que na Comuna 1.

Gráfico 8 Pergunta nº 15 Idade

Group I (12 to 33 years)	86%	90%
Group II (34 to 57 years)	13%	4%
GroupIII (58 and over)	1%	6%

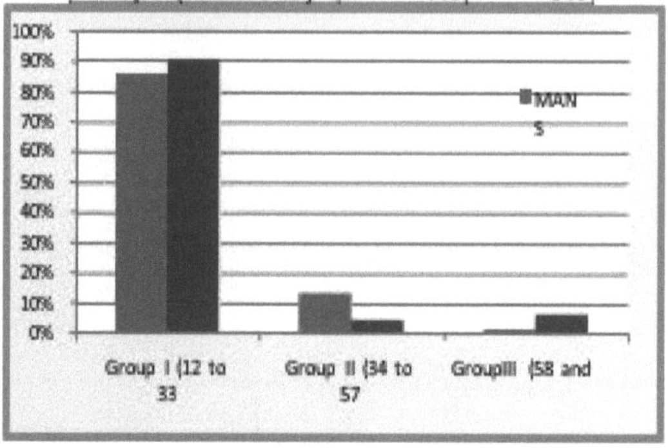

Os informadores desta grande amostra são homens e mulheres, com idades compreendidas entre os 15 e os 80 anos, divididos em três grupos geracionais, como se segue:

Grupo I (12 a 33 anos): Homens 86% - Homens 86% - Homens Mulheres 90%
Grupo II (34 a 57 anos): Homens13% - Mulheres 4% - Homens13% - Mulheres 4%.
Grupo III (58 anos e mais): Homens 1% - Mulheres 6%.

OBSERVAÇÕES FINAIS

A alcunha é um signo linguístico motivado, muito expressivo e, como tal, tem significados conotativos, uma vez que comunica apenas o que é referido no enunciado. Exprime sentimentos, atitudes, estados de espírito do falante em relação ao referente ou ao ouvinte, juntamente com as circunstâncias em que é produzido. É tingido de um certo colorido emocional, festivo, humorístico, sarcástico ou rude que o locutor que cria ou recria o signo lhe dá. Na sua função, a alcunha, enquanto signo linguístico (lexema), deixa de lado o seu sentido denotativo ou fator objetivo, para dar lugar aos traços semânticos relevantes e contratantes que evocam as características mais estáveis, marcantes e genéricas do objeto, do sujeito ou da realidade comparada. Assim, o apelido engloba ou conceptualiza características reais ou supostas do referente, qualidades dos objectos e das acções, fenómenos da vida quotidiana, culturais, ideológicos, sociais, etc. Com o seu uso e aceitação, desgasta-se, perde a sua função de entusiasmar e encantar, apaga aquilo a que Le Gern chamou "a imagem associada", desanima, ou como disse Ullmann (1965, p. 156) ao referir-se à perda da imagem associada. 156) ao referir-se à perda do sentido emotivo das palavras, sofre "a lei dos rendimentos decrescentes"; perde ou desaparece dela aquele sentido conotativo e passa apenas a denotar, convertida em signo comum e ordinário, sem qualquer restrição incorporada no uso como signo de identificação do sujeito x ou y. Mas quando isso acontece, a pessoa que deu a alcunha ao sujeito, um novo apelido, um termo expressivo que, com espantosa habilidade, certamente recria ou cria de novo, conforme o caso; pois quando o apelido "envelhece" ou a pessoa que lhe deu o apelido sente que não tem significado real, cria um novo com o qual satisfaz a sua necessidade expressiva.Em várias situações de fala, o utilizador exterioriza através do apelido a carga de repressão sociológica que alberga, sofre ou sente pelos outros. O seu uso, por parte do locutor, tem uma finalidade: provocar uma determinada reação, positiva ou negativa, no apelidado, e, nele, um escape para as suas paixões. Como disse o padre Félix Restrepo em El alma de las palabras (1974, p. 26), consegue-se "violar o sentido das palavras para que signifiquem o contrário do que dizem [...], nelas se pode observar ressentimento, raiva comprimida, indignação, desdém ou sarcasmo.O falante, em muitos casos, para não ofender susceptibilidades ou simplesmente para não dizer diretamente a alcunha, usa o eufemismo como instrumento de suavização ou recorre a desvios, circunlóquios, perífrases, até chegar à mente dos outros com imagens que moldam ou dão forma à alcunha (é muito mais complexo, exige maior concentração e rapidez mental, mas o utilizador é muito hábil), evitando assim palavras grosseiras, vulgares ou de mau gosto, com as quais provavelmente magoa ou satiriza. A expressão direta da alcunha, para o alcunhado, é evitada na sua frente, o que permite que a alcunha tenha esse sentimento de humor e cumplicidade, sentimento que a torna eficaz na sua intenção e sobrevivência no grupo. O locutor esconde-se de alguma forma para exprimir a alcunha, porque o importante para ele é atingir o seu objetivo e gozar com os outros. De acordo com o exposto, a alcunha, no seu uso, reflecte o sentimento de consideração do grupo social (seja respeito, medo, prudência ou delicadeza pelo outro), uma vez que esta ou aquela alcunha quase nunca é dita em frente ao sujeito, exceto em situações familiares, coloquiais ou de violência, o que, em alguns casos, desencadeia a ira do alcunhado e o seu uso acaba em tragédia. Por isso, o apelido é carregado até a morte súbita ou natural, ou seja, ele vive e morre com o apelido, e mais ainda, após a morte ele é lembrado pelo apelido. O apelidado, infelizmente, é o último a saber que tem um apelido, e a partir daí sofre eternamente, condenado ao ridículo ou a ser motivo de chacota de todos.A análise da amostra indica que o uso do apelido tem graus de preferência. A análise da amostra indica que o uso de alcunhas tem graus de preferência, desde as que são expressas com mais frequência até às que são usadas com menos frequência, minimamente ou de todo. Alguns são rudes, denegridores, satíricos, vulgares, grosseiros e insultuosos; outros são suaves, nobres, expressivos, jocosos ou humorísticos. Estas últimas são aceites, em grande número, pelos oradores e pelos infelizes possuidores, porque nelas se aninha um sentimento de afeto ou de amizade, apesar do defeito, da qualidade, do vício, etc., que é realçado no assunto. Em ambos os casos, dependem da pessoa que os exprime, do seu tom e da situação em que são utilizados. A alcunha é nobre ou grosseira, consoante o locutor e a sua intenção. O uso da alcunha é condicionado pelo grupo, pelo ambiente social, pelas circunstâncias, pela intenção ou desejo do(s) locutor(es). No entanto, de acordo com os contextos de utilização e a sua nuance de significado socialmente elaborada, é bem ou mal recebido, mesmo que seja amplamente aceite pelo grupo e sobretudo pelo apelidado, pois é um sinal com certas restrições. Estes signos nascem inesperadamente (quando menos se espera) e iniciam a sua longa ou curta viagem, fazendo as delícias de uns e confinando outros. Alguns têm mais sorte do que outros, sobrevivem ao longo dos tempos e são passados de geração em geração. Outras nascem e, tal como nasceram, desaparecem. Alguns são muito restritivos e outros são muito difundidos. As alcunhas, tal como as palavras, adquirem um certo prestígio no seio do grupo que é transferido para o seu possuidor. Em muitos casos, a alcunha é aceite pelo próprio alcunhado. Este não a rejeita, sente-se importante no grupo social a que pertence, gosta da alcunha, usa-a, gaba-se dela e espera ou quer que lha digam (está implícita a sua boa ou má reputação, o que o enche de orgulho). Claro que nem sempre é assim: outros, pelo contrário, não gostam dele, porque o consideram uma afronta ou uma afronta, estão sempre preparados para esta situação que, infelizmente, deve surgir. A alcunha funciona, então, como um incentivo ao orgulho, à troça ou ao sarcasmo daquele que a ostenta. Em ambos os casos, chega a deslocar ou a esquecer o nome e o sujeito é mais conhecido pela alcunha do que pelo seu próprio nome, o que leva o falante a mal-entendidos incómodos, porque, como não se sabe o nome do sujeito, o falante ingénuo usa a alcunha pensando que é o nome verdadeiro, criando uma verdadeira confusão. O locutor não conhece esta ou aquela alcunha e, perante a alcunha, nomeia subitamente o objeto ou referente da alcunha, o que é intrincado em situações inesperadas, mas que, devido ao carácter insólito e ingénuo do facto, produz felizmente o riso e é aceite. A alcunha desta forma é muito engraçada, porque não há intenção de humilhar, magoar ou ofender; pelo contrário, é o uso comum ou vulgar de um signo linguístico. O "prurido" de alcunhar não é novo, existe desde tempos imemoriais e ocorreu em todos os povos e diferentes culturas (macedónica, babilónica, assíria, romana, Idade Média, Renascimento, em reis, monarcas, santos), nos tempos modernos e sobretudo no nosso contexto, desde o mais humilde ao mais pomposo: o presidente, altas dignidades eclesiásticas ou civis, artistas, prostitutas, criminosos, trabalhadores nas suas diferentes profissões ou ofícios, desempregados, etc., recebem uma alcunha. De facto, não há nada de novo nisto. Formam-se agora da mesma maneira que antigamente. Apenas mudaram as circunstâncias, os objectos, as instituições e as intenções do criador, que são mutáveis e imprevisíveis. Podemos dizer, em síntese, que as alcunhas de Tumaco correspondem a situações e factos reais, concretos ou abstractos, da vida quotidiana, citadina, comunitária ou de bairro das suas gentes; é o reflexo ou a mundividência do mundo objetivo ou subjetivo que o falante de Bogotá exprime neste signo linguístico. Nem sequer a pessoa a quem foi dado um apelido escapa ao ato de nomeação, porque também há apelidos para ela, chamam-se: bispo, padre, sacerdote, porque com a sua criação baptizam outros (recebem nomes eclesiásticos que têm a ver com estas coisas). Alcunhas que não são dadas ao apelidado (que sofreu a angústia deste ato de fala) porque certamente este, ofendido pelo primeiro, chamaria ao seu ofensor: víbora, cobra, filho da puta, cão, guilhotina, vampiro, patife, morcego, etc. A experiência mostra que o alcunhado fica feliz por alcunhar, mas fica infeliz quando chega a sua vez de receber uma alcunha, sente-se picado no seu amor-próprio por uma serpente hedionda com presas maiores e mais afiadas, fica irritado, talvez mais ainda, pois sente angústia e angústia, e fica infeliz quando chega a sua vez de receber uma, porque sente a angústia e o desgosto de se tornar o motivo de chacota de todos aqueles com quem outrora partilhava ansiosa e alegremente a infelicidade de outro ou de outros, graças a este seu desagradável **"musaranho" ou "mojiganga",** que contém toda a perversão irreverente e a paixão doentia do espírito humano. Na criação e marcação da alcunha há uma espécie de jogo de azar, que favorece alguns e desfavorece muitos outros. O favorecido carrega-o com nobreza, orgulho, altivez, pronuncia-o perante outro ou outros, conhecidos ou desconhecidos, gosta de ser chamado pelos outros, procura ser reconhecido por todos, é usado como saudação ou fórmula de tratamento, é formal e informal; enquanto o outro sofre eternamente a humilhação, a crueldade e a ironia de um ato linguístico infeliz, praticado, certamente, por um dos seus "melhores amigos" ou familiares". As pessoas ou os pais que sabem, conhecem ou têm consciência linguística da afetação, da marca ou do "estigma" da alcunha no apelidado, tentam evitar por todos os meios que a criança ou o filho receba de alguém (familiar, amigo, colega de brincadeira na escola, no colégio, no bairro, na rua, nas esquinas) uma alcunha que o marque para toda a vida. Se isso acontece, a criança é duramente repreendida para evitar que a alcunha se apodere da sua pequena e frágil humanidade, mas acontece que, por maldade, malícia e o que é "proibido é o mais desejável", a alcunha começa a sua corrida louca e prevalece, vencendo a intenção bondosa e justa daquele pai que a todo o custo queria evitar que o seu filho fosse alcunhado. A alcunha, depois de colocada, ultrapassa qualquer barreira que se interponha ao seu livre voo para a máxima expressividade, no mundo dos mortais. Há alcunhas aplicadas aos sujeitos na juventude e na solteirice e, depois do casamento, aos filhos, propagando-se através de gerações. Há pessoas que ficam felizes por ter essa alcunha (ter uma alcunha), porque a caracteriza, a identifica, a diferencia, etc., e não a acham desagradável como outras por aí. Ou seja, agradecem a Deus o facto de terem recebido essa alcunha, é melhor assim, e não de outra forma; aceitam-na amavelmente. Assim, em cada grupo social, a alcunha funciona como sinónimo de respeito, de distinção social, no mesmo nome. Há também famílias ou grupos familiares marcados por uma alcunha que os identifica ou caracteriza como grupo e individualmente. Do mesmo modo, há alcunhas que não correspondem ao motivo que presumivelmente as criou, nem às características do sujeito alcunhado; são o resultado das ocorrências mais estranhas, exóticas e implausíveis do ato comunicativo (não há relação entre sujeito e objeto, pois a escolha do termo é secundária em relação à intenção: colocar uma alcunha), que marcam pessoas ou famílias para toda a vida. Há alcunhas que, pelo uso constante, se tornam elementos banais do discurso efetivo ou quotidiano, perdem a sua coloração ou intenção inicial, passam de um meio restritivo para o uso comum, perdem a sua capacidade evocativa, tornando-se um elemento indispensável do nosso vocabulário. Assim, muitas alcunhas passam de geração em geração e são usadas hoje sem o sentimento evocativo que as produziu. O mesmo sujeito pode ter mais do que uma alcunha (quando isso acontece, uma das duas perde terreno no uso e acaba por ser derrotada), e a mesma alcunha pode ter duas ou mais características. Em cada uma das alcunhas há um conjunto de características nocionais mínimas que o alcunhado, em virtude da sua capacidade de pensamento, conseguiu abstrair da realidade. Por esta razão, é óbvio que, em muitos casos, uma alcunha não tem um único significado, pois tem, desde a sua criação e motivação, vários significados. O falante selecciona habilmente, de entre as várias características do referente, os elementos que são comuns ao sujeito e ao objeto, e desta relação emerge o ato de nomeação. A criação lexical da alcunha não ocorre ex nihilo: obedece a necessidades comunicativas, determinadas pelo conhecimento da realidade comparativa, acompanhadas de regras, moldes ou esquemas que determinam e tornam possível o ato de criação linguística. Porque, em muitos casos, estas nascem no seio do grupo como elemento de troça ou de conversa, ou como função factual do discurso comunicativo. Por isso, estão constantemente a ser criadas e recriadas. No entanto, na dinâmica dos signos linguísticos, as alcunhas são constantemente enriquecidas e carregadas de novos significados através do uso, graças ao facto de os falantes integrarem nelas novas experiências cognitivas. A presença da alcunha evoca, na mente da pessoa, a imagem do que a alcunha representa. O meio, ou o próprio mundo, serve ao falante para actos de recriação em que os sentimentos intervêm para a transformação qualitativa do ambiente. As alcunhas constituem um inventário lexical aberto, por vezes muito difícil de classificar ou sintetizar; por isso, foram aqui apresentadas várias classificações (pela sua carga semântica, pelos traços motivadores ou semas, pela intenção do alcunhado, pelos mecanismos gramaticais ou semânticos), que se aproximam o mais possível do processo de criação na fala tumáquica. Para que uma alcunha seja reconhecida como tal, necessita dos conhecimentos, das vivências, dos valores dos sujeitos e do meio a que se refere, uma vez que, no seu uso, admite inúmeras finalidades ou pontos de vista, qualquer que seja a intenção do falante. Evoca as experiências e os conhecimentos do ouvinte em relação ao referente (emocionais, cognitivos, ideológicos, etc.).No processo de criação, observa-se o uso de mecanismos normativos próprios do sistema, comuns à formação das palavras na língua. Assim, encontramos processos fonéticos, gramaticais, lexicais e semânticos. Na fonética, há a imitação do som como "eco do sentido". Gramaticalmente, para além dos procedimentos normativos, o falante, em uso, afasta-se da norma e altera o sistema em casos como: gallino, culebrero, tigra, etc. Em termos semânticos, recorre à metáfora e à metonímia. Também combina procedimentos que combinam derivação ou composição com metáfora. Este tipo de procedimentos abrange todos os apelidos da amostra: onomatopeias, derivados, compostos e expressões figurativas, mas a fonte de criação mais comum e importante, segundo a amostra, é a metáfora e a metonímia. A comparação é o recurso mais simples, produtivo e eficaz no ato criativo do apelido. Por meio desse recurso, o signo linguístico adquire novos significados, nomeia novos referentes. Em suma, o apodizador, por engenhosa habilidade, compara duas realidades e estabelece um nome por semelhança, parecença ou contiguidade. A alcunha diminutiva reflecte a intenção de diminuir a objetividade significante. O seu valor é irónico, mas também suavizante e aceite na relação social dos sujeitos falantes. Não indica pequenez mas "diminuição linguística", é um paliativo com o qual se consegue um tratamento amigável, afetuoso ou familiar. A subjetividade do falante e o contexto em que é utilizado desempenham um papel fundamental. Uma alcunha diminutiva pode, nalguns casos, exprimir afeto, mas noutros pode exprimir desprezo (contrariando a natureza do diminutivo), dependendo da intenção comunicativa do falante. A entoação é portadora das intenções comunicativas do falante, ou seja, suaviza ou dá maior força ilocucionária ao significado, tornando-o aceitável ou inaceitável para o grupo ou para o agente portador. O hipocorístico, usado como apelido, enquadra-se na categoria dos diminutivos ou expressões emotivas que indicam afeto ou carinho. Aqui o afetivo predomina sobre o concetual, é mesmo uma abreviatura ou simplificação carinhosa do nome. Existem centenas de alcunhas na fala tumáquica, algumas delas de carácter citadino que correspondem a falantes e realidades da própria cidade; outras, de origem dialetal ou produto da fala regional, a que pertence um grande número de falantes tumáquicos por origem. Da amostra recolhida, muitos são característicos e encontram-se noutros municípios da região do Pacífico de Nariño e, naturalmente, noutras partes do departamento de Nariño, da Colômbia e da América Latina. Escusado será dizer, portanto, sem receio de mal-entendidos, que não há lugar em Tumaco ou fora deste município, aldeia, vila, município, inspeção, aldeia, enseada, rio, grupo social, comuna, bairro, grande ou pequeno, em que os seus habitantes não tenham uma alcunha. O contrário é tê-la mas não a conhecer, até que alguém se lembre de a dizer à sua frente. Além disso, o grupo humano, pelo facto de viver em comunidade, em vizinhança e de acordo com a sua profissão ou ofício, ocupação ou não, características, etc., tem para os seus semelhantes alcunhas que vão das mais suaves às mais ofensivas ou vulgares. Algumas alcunhas reflectem a "moda" em todos os domínios ou são alimentadas por ela, e outras mostram no alcunhado uma tonalidade pessoal, caraterística deste tipo de criação. O locutor, através da alcunha, tinge, pinta ou colore os signos linguísticos, transformando-os em "armas eficazes" para realçar qualidades, defeitos, produzir escárnio, hilaridade, até sarcasmo, ridicularização, humilhação, expressar sentimentos ou excitar emoções, atitudes (afeto, amor, ódio, etc.), uma forma subtil de violência através do uso da alcunha.), uma forma subtil de violência através das palavras, com as quais o infeliz sujeito a quem é atribuído este ou aquele ato linguístico desta natureza é elogiado, espancado, maltratado, ferido ou mesmo prostrado sobre a pedra fria. São o produto da espontaneidade e da ocasião, da circunstância ou da jocosidade do locutor: a intenção é divertir-se; uma alcunha inspira, assim, uma e outra, com as quais o grupo e o seu possuidor se divertem alegre e amavelmente no "humor coletivo" e na amizade reinante. Exemplo: um jovem que perde um dente numa luta é chamado "ponte quebrada", "desdentado", e do seu infortúnio surgem alcunhas atrás de alcunhas ("risa loca", "risa linda", "puente largo", "fin de semana"), claro que no final apenas uma delas se apodera da humanidade do sujeito que é o arquiteto da situação festiva. O sucesso do apelido reside no uso, no momento e na situação concreta para o mesmo. É claro, então, que o procurador não cria do nada; o seu mérito reside no manuseamento rápido e oportuno da riqueza de temas ou imagens que tem no seu reservatório mental. Temas como a política (personagens: "caneca"), acontecimentos (choques, situações embaraçosas, humorísticas), acontecimentos do quotidiano (amor, desgosto, rancor, trabalho, rotina, antipatia, ser bom ou mau, rude, mesquinho, mal-humorado, gostar ou não gostar dos outros, ser amável, sentimental, etc.), situações de diálogo, uso do discurso, etc., etc., são a base do sucesso da criação.), as situações de diálogo, o uso d o discurso (muletas, palavras, frases feitas, expressões, inovações, etc.), a situação pessoal (como é, como age, como reage, qual o seu comportamento, como se veste, crenças), a profissão ou ofício (desempenho na mesma, posição social e cultural, etc.), os defeitos, vícios ou qualidades, são os temas mais comuns na criação da alcunha. Eles iluminam o alcunhado para a sua nomeação. O s temas são assim muito variados, díspares e implausíveis; no entanto, muitas das alcunhas que parecem originais e naturais são simplesmente variantes dos muitos temas integradores do repertório comum dos falantes de Tumaqueño. Estes temas, situações e circunstâncias do quotidiano são traduzidos em alcunhas. Em suma, a intenção "humorística" ou "sarcástica" favorece a criação e a aplicação de alcunhas no povo de Tumaco. É evidente como as pessoas dos diferentes estratos socioeconómicos das Comunas em que se configura territorialmente a cidade de Tumaco utilizam determinadas palavras que são enquadradas perante a sociedade como uma linguagem marginal, ou seja, uma linguagem que nasce nas partes marginais. Perante isto, é lógico pensar que o citadino de Tumaco está em constante contacto com outras pessoas que utilizam uma língua marginal que, em muitas ocasiões discursivas, não é correcta, mas que o seu uso ritual e a convenção que se cria em torno do apelido é totalmente aceite.

Assim, é em Tumaco que, seja qual for o espaço ou a situação, uma boa amostra do fenómeno que enfrentamos é evidente em todos os tipos de actos de fala.

- No início desta investigação, considerámos que se tratava de um problema de educação, mas esta ideia foi posta de parte quando nos apercebemos de que não são apenas as pessoas dos estratos sociais baixos e médios, mas também outras dos estratos sociais altos, que utilizam e praticam certos neologismos característicos das línguas marginais.

- Em muitas ocasiões, as pessoas dos estratos sociais mais elevados fazem o que pode ser uma tentativa de criar a sua própria linguagem marginal e caraterística; no seu uso, nota-se que tentam criar neologismos que, por sua vez, possuem algo de marginalidade, de isolamento, mas que têm as suas próprias características do seu mundo e dos seus espaços.

- Podemos pensar que é através deste contacto que se estabelece na rua, nos cuchos, supermercados, esquinas, centros comerciais, meios de comunicação social, etc., onde as pessoas trocam palavras, ou seja, existe uma rede de contacto onde a comunidade interlocutora tem uma ligação estreita com as novas formas de nominalização (alcunhas) que se evidenciam na cidade, os falantes independentemente das suas condições, estratos, níveis de escolaridade, não só estabelecem esta relação como

Também se apropriam deste conhecimento e implementam-no na sua vida quotidiana. Algo que faz com que outros falantes estejam a implementar estas formas de nomear.

- Ao estabelecer estas formas de nomear, é evidente que cada um dos estratos sociais implementa palavras semelhantes às que foram originalmente aprendidas. É isso que determina que, em muitos casos, os estratos sociais se caracterizem como mostrámos aqui. Ou seja, as fronteiras dos estratos sociais entre os falantes das comunas esbatem-se quando o uso da língua se torna simultâneo e aceite entre eles, independentemente dos padrões de vida, dos modos de vida e dos costumes familiares e sociais que muitas vezes experimentam.

- Os oradores da cidade de Tumaco são uma parte funcional dos meios de comunicação de vanguarda, como a Internet. Este meio constitui mais um ponto de encontro onde tudo converge discursivamente, já que a maioria deles, com maior participação dos jovens, hoje está em contacto quase contínuo com um computador e é da natureza da internet apagar o aqui e o agora da comunicação, pelo que têm a facilidade de tornar tudo o que é linguístico (discurso) disponível a todos, desde a sua formação até à sua compreensão.

- Não só a Internet é uma das mais recentes fontes de contacto existentes, como também é possível falar da televisão, a partir da qual também é possível a todos os habitantes de Tumaqueños interagir com o mundo e com outras comunidades, próximas ou distantes, onde se implementam outros tipos de estratégias, como a audição e a memorização, como vemos como em muitas ocasiões as palavras se tornam moda graças a um protagonista de uma série televisiva.

ANÁLISE QUALITATIVA E QUANTITATIVA E INTERPRETAÇÃO DE AMOSTRAS

Gráfico 1 Pergunta n.º 6 Momento da alcunha.

GRUPO PERCENTAGEM

GRUPO	PERCENTAGEM	
GRUPO I	47 %	MENOS DE 5 ANOS
GRUPO II	14 %	ENTRE 5 E 25 ANOS
GRUPO III	31 %	ENTRE 5 e 15 ANOS
GRUPO IV	8%	MAIS DE 26 ANOS

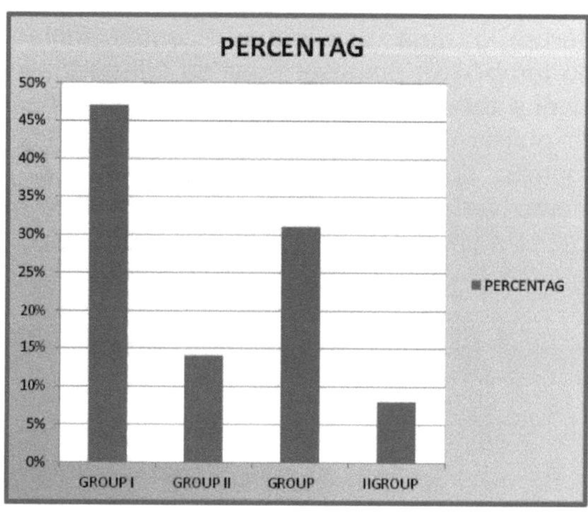

Figura 2 Pergunta n.º 7 Quem lhe deu a alcunha?

PERCENTAGEM

Colégio Universitário	14%	105
Trabalho	8%	60
Inimigos	2%	15
Famílias	28%	210
Amigos	48%	360

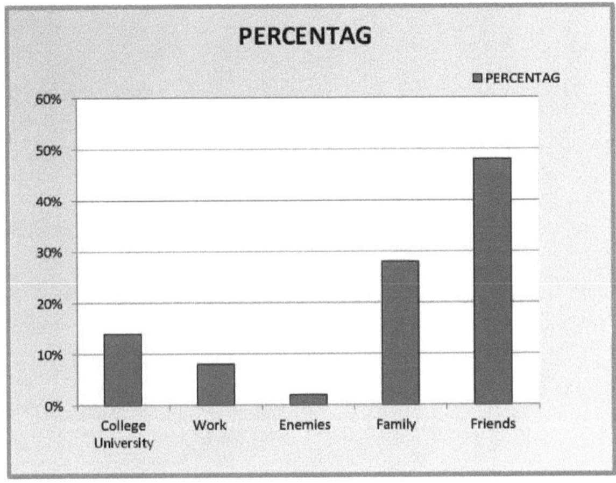

Figura 3 Pergunta n.º 8 Onde é que o tratam pela alcunha?

PERCENTAGEM

Todas as peças	24%	180
Casa	20%	150
Trabalho	8%	60
Colégio/Universidade	12%	90
Bairro	36%	270

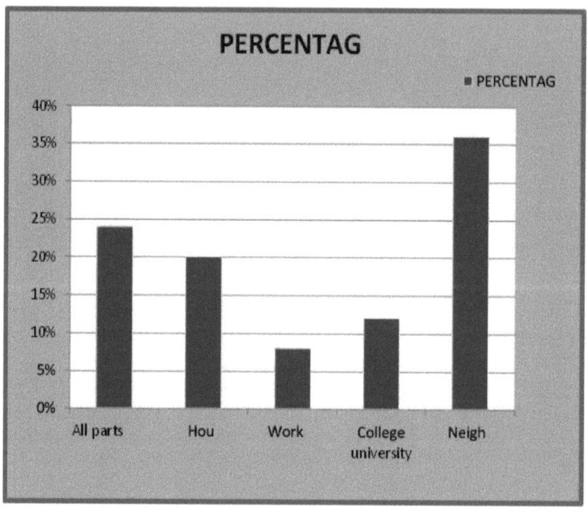

Gráfico 4 Pergunta nº 10 Gosta da alcunha?
PERCENTAGEM

Indiferente	13%	97,5
Não	21%	232,5
SIM	66%	495

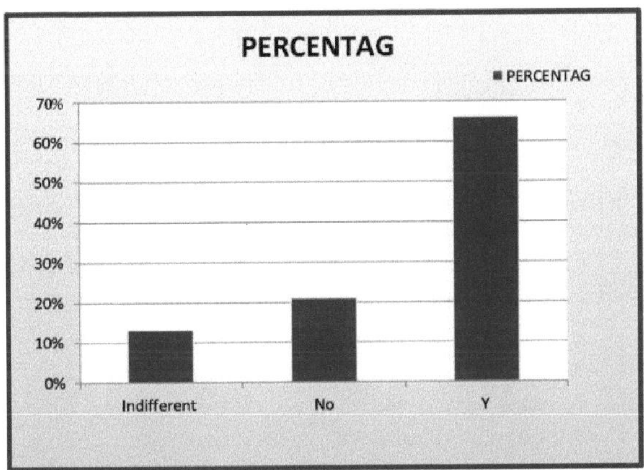

Figura 6 Pergunta N°13 Relação com o entrevistador
PERCENTAGEM

Família	13%	97,5
Desconhecido	20%	150
Amigo conhecido		
	67%	502,5
	100%	750%

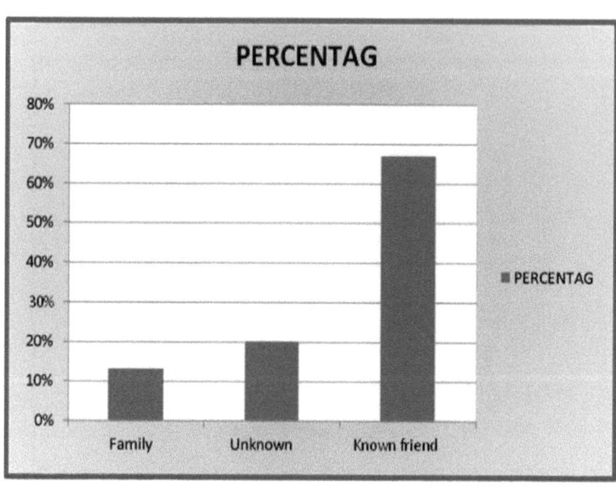

Figura 7 Pergunta n.º 14 Sector onde vivem os inquiridos

PERCENTAGEM

Município n.º 1	10%	75
Município n.º 2	10%	75
Município n.º 3	20%	150
Município n.º 4	26%	195
Município n.º 5	34%	255
	100%	750%

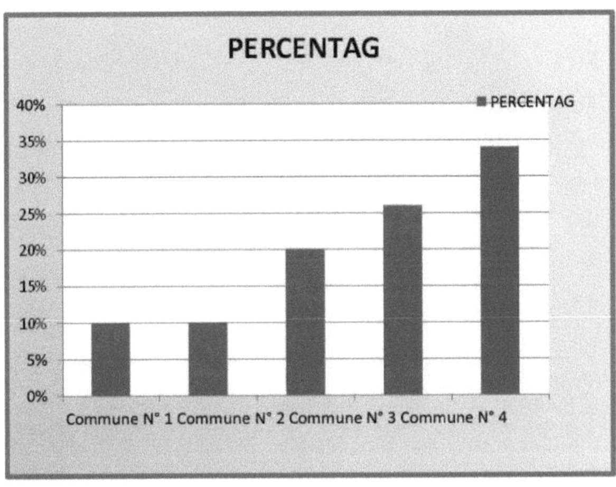

Gráfico

MULHERES HOMENS

	MULHERES	HOMENS
Grupo I (12 a 33 anos)	86%	90%
Grupo II (34 a 57 anos)	13%	4%
GrupoIII (58 e mais)	1%	6%

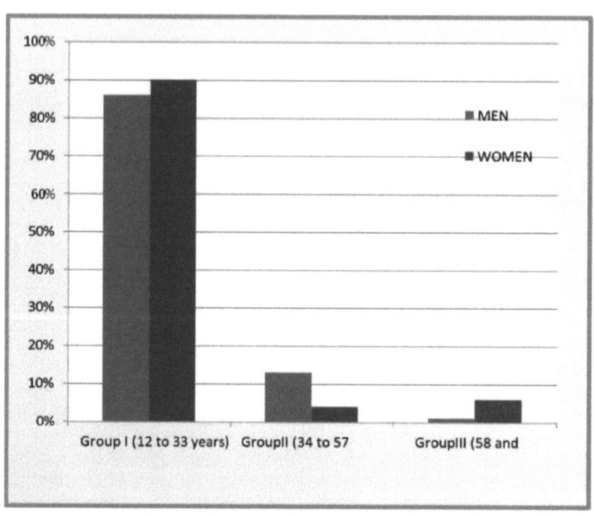

<h1 style="text-align:center">LISTA DE ALCUNHAS</h1>

As alcunhas são uma forma especial, carinhosa e até engraçada de nomear alguém que se ama e em quem se confia. É por isso que, numa relação cheia de amor e cumplicidade, é comum os parceiros terem nomes giros ou marotos um para o outro. Se quer dar a conhecer o seu lado mais ousado e sensual para surpreender alguém que está a tentar conquistar, este artigo vai interessar-lhe.

Alcunhas para homens bonitos

Todos nós achamos que o nosso namorado é o mais bonito, mas também o mais especial. É por isso que queremos oferecer-lhe alguns elogios originais para que os possa adaptar ao seu homem. Estas são as **alcunhas para homens bonitos** que lhe propomos:

- Olhos grandes
- Papá
- Papá
- Ricura
- Caramelito
- Cupcake
- Corpo
- Sr. Sexy
- Playboy
- Covinhas
- Encaracolado
- Moreno
- Loiro ou rubi
- Negrito
- Pérola
- Magro ou magro
- Bombom
- Bonito
- Bonito
- Adónis
- Caraguapa
- Chati

- Chulo
- Boca
- Guapo
- Fortachón
- Músculos
- Brasa

Alcunhas para homens simpáticos

Se quiser dedicar uma alcunha a esse homem especial para que ele compreenda em palavras doces tudo o que ele significa para si, aqui estão algumas alcunhas **giras para homens** que ele vai certamente adorar. Qual deles define melhor o seu parceiro?

- Bello
- Bebé ou criança
- Bonito
- Gatinho
- Vida
- O meu rei
- Coração
- Bollito
- A minha vida
- O meu filho
- O meu céu
- Doçura
- Monino
- Prenda
- Ternura
- Queijo
- Bolita
- Galinha
- Chispita

Alcunhas engraçadas para homens

Sabemos que gosta de dar mais humor e brilho à sua relação, por isso propomos-lhe algumas alcunhas engraçadas para homens que a ajudarão a dar mais tempero e graça à sua relação. O mais importante é ser original e realçar o lado divertido e engraçado do seu homem. Anote estas **alcunhas engraçadas para homens**:

- Pombo
- Botão de rosa
- Pequena Suíça
- Gherkin
- Flor
- Titi
- Zarigüela
- Chatungo
- Chorbo
- Chefe
- Garanhão
- Misifú
- Soldado
- Fiapos
- Silenciadores
- Tubarão
- Crocodilo
- Maluco ou louca
- Cuchi cuchi
- Gnomo
- Pichín
- Pichurrita
- Churro
- Pocholito
- Pulguita
- O meu amor
- Mochi
- Salsicha ou salsicha
- Currupipi
- Chichipán
- Chichinabo

Apelidos carinhosos para homens

Gostas de ser carinhoso? Se a resposta for sim, provavelmente já conhece a seguinte lista de alcunhas. Mostre o seu lado mais doce e terno para nomear aquela pessoa especial. Lembre-se: os homens também gostam de se sentir especiais e amados. Qual destas **alcunhas carinhosas para homens** escolheria?

- Macaco
- Solete
- Anão
- Pouco
- Chiqui ou chiquitín
- Churri
- Peluche ou brinquedo de peluche
- Cari
- O meu tesouro ou o meu pequeno tesouro
- Príncipe
- Bicho
- Amor
- Céu ou paraíso
- O meu amor
- Leãozinho
- Cachorro
- Girino
- Urso de peluche
- Passarinho

Apelidos ousados para homens

Se não quiser chamar esse homem de uma forma tão clássica e tradicional, veja as seguintes **alcunhas atrevidas para homens**:

- Lúdico
- Malandro
- Delícia
- Musaranho
- Gosto
- Senhor

- Butt ou bum
- Canijo
- Boneca
- Petiscos
- Frango
- Raposa
- Pequeno Chefe
- Tarzan
- Super-Homem
- Juguetito
- Peléon

Nesta lista, também encontrará as melhores **alcunhas sexuais para homens**, por isso, se está à procura de algo mais picante para apimentar os seus jogos na cama, escolha nesta lista a mais adequada!

Apelidos giros e doces para namoradas

Vamos começar com algumas alcunhas giras, perfeitas para amigos, que mostrarão a ligação especial que existe entre vocês. Aqui estão alguns dos nossos favoritos:

- Bebé
- Amor
- Céu
- Bichín
- Kookie
- Inseto
- Beffi
- Cuca
- Pouco
- Flaqui
- Gordi
- Caramelo
- Muñe (ou boneca)
- Chiqui
- Coração
- Rainha

• Linda

Alcunhas carinhosas para amigos - com significado!

Quer algumas alcunhas giras para amigos que sejam engraçadas e ao mesmo tempo tenham um significado específico? Se é este o teu caso, não percas a lista abaixo:

• **Hormigui**: alcunha perfeita para amigos mais pequenos e/ou mais baixos.

• **Azeitona**: também adequada para amigas baixas ou pequenas que são pequenas e bonitas.

• **O terramoto**: a alma da festa, um verdadeiro nervo que está sempre a inventar coisas novas.

• **La nervio**: variante muito semelhante à alcunha anterior.

• **Borboleta**: a amiga mais bonita e/ou elegante ou aquela que está sempre cheia de cor.

• **A loquaz**: é a amiga mais louca de todas, mas sabes que sem ela nada seria igual.

• **Princesa**: a amiga mais delicada, aquela que nos faz rir com a sua maneira de ser.

• **Diva**: a diva de todas, isso é certo. É perfeito para aquela amiga elegante que nos faz rir com as suas piadas e sarcasmo.

• **Sol ou Solete**: perfeito para um amigo radiante e otimista; aquele que traz sempre um sorriso ao seu rosto e sabe como tornar o seu dia melhor.

• **A festa**: não perde uma única! A amiga com esta alcunha adora sair, divertir-se, beber e cantar com o seu grupo de amigos.

• **Teddy**: esta alcunha é obrigatória, pois é perfeita para aqueles amigos ternos e doces que estão sempre ao seu lado nos maus momentos.

• **Angelita ou angelín**: se tem aquela amiga típica que se porta sempre bem aos olhos dos outros, mas quando está sozinha é um demónio... esta alcunha é a mais adequada para ela.

• **Rici**: perfeito para as amigas com cabelo encaracolado.

• **A caveira**: alcunha típica para aquele amigo alto e magro.

• **Kami**: também conhecida como "kamikaze", esta alcunha é ideal para aquele amigo louco que se junta a qualquer festa e dá tudo de si até de madrugada.

Alcunhas mais originais e especiais para os amigos

Ainda tens fome de mais? Não se preocupe, oferecemos-lhe mais algumas alcunhas originais e engraçadas para amigos. Qual deles define melhor cada um dos teus amigos?

- Louro
- Tessoso
- Gatinho
- Cachorro
- Doçura
- Dulcita
- Cuchi
- Petardita
- Amichi
- Migalhas
- Cuchi
- Vivi
- Perlite
- Mimi
- Elfo
- Morango
- Lulu
- Neni

Alcunhas engraçadas e originais para amigos

Queres fazer os teus amigos rir às gargalhadas? Se estás sempre a brincar e queres encontrar a alcunha perfeita para aquele amigo especial... não percas as seguintes sugestões!

- Adónis
- Cuchufleta
- Chochi
- Gusiluz
- Chicha
- Bebé
- Retaco
- Coisa pequena
- Minini
- Bomboncín
- Os tiros

- Chispita
- Gambá
- Peluchín
- Petit-suisse
- Zombie
- Loba
- Melosa

Alcunhas não foleiras para a minha namorada

Não é fácil encontrar alcunhas para a sua namorada que não sejam pirosas, porque hoje em dia há opções muito engraçadas, mas algo embaraçosas, que muitos têm relutância em usar. É por isso que, a partir de um COMO, queremos começar com algumas **alcunhas para** toda a vida; desfrute destas propostas clássicas que seleccionámos para si:

- Amor
- Coração
- Céu
- A minha vida
- Coração
- Flor
- Joia
- Anjo
- Preciosa ou precioso
- Concurso
- Rainha
- Rei
- Tesouro
- Bonita ou bonito
- Caraguapa
- Bella
- Estrunfe
- Kookie
- Pouco

Apelidos engraçados para o seu namorado ou namorada

Nem sempre tem de ser tudo sério e amoroso; de facto, **as alcunhas engraçadas para casais** são algumas das mais populares hoje em dia. Quer seja para rir, para irritar o seu parceiro como uma piada ou para inventar uma alcunha original, aqui estão alguns nomes que certamente se tornarão uma piada privada que só você e o seu parceiro entenderão... A diversão é garantida!

- Chiquitín ou chiquitina
- Churri
- Amorcina
- Churrita ou churrito
- Bebé
- Tarzan
- Tigre ou tigresa
- Meu querido
- O meu cuqui
- Panzita
- Cuchufleta
- Coisa pequena
- Canijilla
- Bochechas
- Rosto bonito
- Rulitos
- Bichejo
- Botão de rosa
- Gordo ou rechonchudo
- Anão
- Chuchurrumín

Apelidos originais para namorados em espanhol

Está à procura de mais alcunhas para o seu namorado em espanhol? Se sim, aqui estão algumas **opções muito engraçadas e originais para** partilharem os momentos mais ternos e divertidos.

- Chorba
- Amorcito

• Coelho
• Amor de Amor
• Pichurri
• Wren
• Ratita
• A minha arma
• Flaqui
• Chatungo
• Clivagem
• Chichi
• Courgette
• Caramelito
• Coração de melão
• Palomita
• Salerosa
• Musaranho
• Piolho
• Boazona
• Chaparrita

Apelidos bonitos para um amigo
•Doçura do meu coração
•Princesa Encantada
•Estrela brilhante
•Anjo da minha vida
•Flor radiante
•Amor terno
•Pérola preciosa
•Urso de peluche
•Gatinho doce
•Luz da minha existência
•Doces encantadores
•Borboleta bonita
•Rainha adorável

- Um tesouro inigualável
- Sorriso bonito
- Princesa de sonho
- Luz do sol
- Centelha de alegria
- Pequena estrela brilhante
- Coração cheio de amor
- Anjo da ternura
- Uma florzinha adorável
- Amor eterno
- Pérola brilhante
- Urso de peluche amoroso
- Gatinho mimado
- Luz da esperança
- Doces doces
- Borboleta radiante
- Rainha do meu coração
- Um tesouro inestimável
- Bela amiga
- Uma princesa adorável
- Raio de felicidade
- Centelha de doçura
- Estrela brilhante
- Coração cheio de ternura
- Anjo protetor
- Bela flor
- Amor sincero
- Pérola única
- Urso de peluche fiel
- Gatinho encantador
- Luz da minha vida
- Doces
- Borboleta adorável
- Rainha do amor

•Um tesouro incomparável
•Bela joia
•Princesa sonhadora

Apelidos giros para namorados

•Amorcito
•Cielito
•Princesa
•Coração
•Urso de peluche
•Bebé
•Angelito
•A minha vida
•Pequena estrela
•Gatinho
•Borboleta
•O meu amor
•Chiquitín
•O meu tesouro
•Ranúnculo
•Amado
•Príncipe
•Doçura
•Caro
•Amante
•Rainha
•Amorcito
•O meu céu
•Pérola
•O meu amor
•Chiquita
•Amigo
•Amoroso

- Amado
- Pequeno Príncipe
- Lucero
- O meu sol
- Coração de melão
- Amorcito
- Rei
- Amorcito
- Princesinha
- Amorcito
- Borboleta
- Amorcito

Apelidos giros para o namorado

- Amorcito
- Cielito
- Príncipe
- Coração
- Urso de peluche
- Bebé
- Angelito
- Tesouro
- O meu amor
- Churrito
- Rei
- Borboleta
- Pequena estrela
- Cupcake
- Campeão
- Chiquitín
- Sol
- Caracol
- Bonito

•Doçura
•Pequeno Príncipe
•Amante
•Chiquito
•Amiguito
•Céu
•Chiquilín
•Pérola
•Reinito
•Angelito
•Urso de peluche
•Gatinho
•Bombom
•Amado
•Chiquito bello
•Coração de melão
•O meu pequeno amor
•Ternura
•Cogumelo
•Chiquitito
•Príncipe Encantado
•Angelical
•Estrela cadente
•Rosto de anjo
•Chiquis
•Rei do meu coração
•Amorcito lindo
•Churrito de amor
•Coração de ouro
•Um rapazinho encantador
•Pérola preciosa

Apelidos giros para a namorada

- Angelito
- Princesa
- Amorcito
- Cielito
- Pequena estrela
- Coração
- A minha vida
- Ranúnculo
- Doçura
- Rainha
- Borboleta
- Urso de peluche
- Chiquitita
- Lua
- Pérola
- Principessa
- O meu sol
- Amado
- Chispita
- Anjo da minha vida
- Tesouro
- Amorcita
- Gota de mel
- Flor do meu jardim
- O meu amor
- Princesinha
- O meu céu

- Maravilha
- Doce amor
- Estrela cadente
- Coração de melão
- A minha rainha
- Borboleta
- Urso de peluche
- Chiquita linda
- Lunita
- Pérola preciosa
- Princesa Encantada

•O meu sol radiante
•Amor eterno
•Centelha de amor
•Anjo do amor
•Tesouro
•Amorcito lindo
•Gota de amor
•A flor da minha vida
•Amor do meu coração
•Minha doce princesa
•Maravilhoso
•Doce tesouro
•Estrela brilhante

MAPA GEOPOLÍTICO DO MUNICÍPIO DE TUMACO

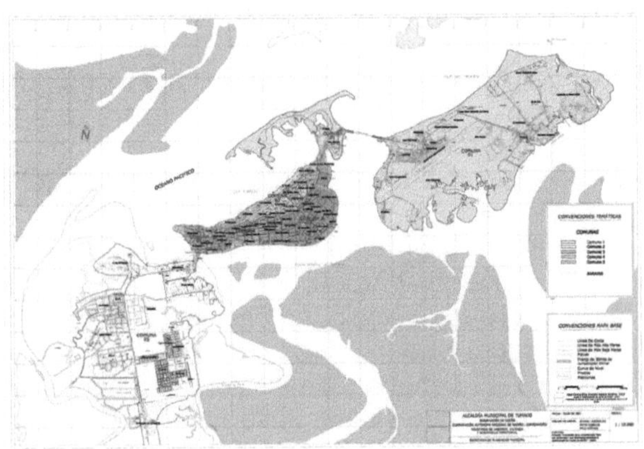

REFERÊNCIAS

Abraham, W. (1981). Diccionario de terminología lingüística atual. Madrid: Gredos.

Alvar, Manuel, Manual de dialectología hispánica: el español de España, Barcelona, Ariel, 1996.

Alfonso Martán B., El negro en la poesía negra de Martán Góngora, Popayán, II Seminario sobre Cultura Negra, Universidad del cauca. 1.988.

Alfredo Vanín R., "Palabra Migratoria y Modernidad en el Pacífico". Cartagena de Indias (Colômbia). 2000.

Alicia Devalle de R. e Viviana Vega, Una escuela en y para la diversidad. Editorial Aique. Buenos Aires. 1998.

CARLOS ROSELLI P., "El Lenguaje de los Afrocolombianos y su Estudio" América Negra. Universidade Javeriana. Bogotá (Colômbia). 1995.

CASTILLO DE LUCAS, A. Apelidos ou alcunhas espanholas, Porto, Imprensa Portuguesa, 1959.

CELA, C. J., El colecionista de apodos, Madrid, 1947. COSERIU, E., Introducción a la Lingüística. México, UNAM, 1983.

El hombre y su lenguaje: estudios de teoría y metodología lingüística, Madrid, Gredos,1985.

DÍEZ BARRIO, Germán (1995), Motes y apodos, Valladolid, Ed. Castilla.

GARCÍA AGUSTÍN, Ó. (2010), El discurso e institucionalización. Un enfoque sobre el cambio social y lingüístico, Logroño, Universidad de La Rioja.

GONZÁLEZ YANES, María Dolores Emma, Viejos apodos populares. Un estudio sobre las modificaciones introducidas en el lenguaje por la afectividad, Universidade de La Laguna de La Laguna: Facultad de Filología, Curso: 1993/94 (Tese não publicada).

HORTENSIA ALAIX DE V., Literatura Popular: Tradición oral en la localidad de El Patía (Cauca), Santafé de Bogotá, COLCULTURA, Tercer Mundo Editores, 1.995.

Instituto Agustín Codazzi. Atlas Básico da Colômbia. Divisão de Difusão Geo gráfica. 6a. Edição. Bogotá. 1989.

LANGLE, A., Vocabulario, apodos, seudónimos, sobrenombres y hemerografía de la revolución. México, UNAM, 1966.

LE GUERN, M., La metáfora y la metonimia, Madrid, Cátedra, 1976.

LEMUS SANTAMARÍA, V., Apodos, sociedad e individuos: apodos de algunas regiones de Colombia, Tesis de grado, Seminario Andrés Bello, Bogotá, Instituto Caro y Cuervo, 1985.

LIBARDO ARRIAGA C., "La Literatura Oral: Otro Aporte de los Negros", Cátedra de Estudios Afrocolombianos: GGASA. Bogotá (Colômbia) 2002.

MOLINER, M., Diccionario de uso del español, Madrid, Gredos, 1999.

MONTES GIRALDO, J. J. Dialectología general e hispanoamericana: orientación teórica, metodológica y bibliográfica, terceira edição, Santafé de Bogotá, CARO Y CUERVO, 1995. -Motivación y creación léxica en el español de Colombia, Bogotá, Instituto Caro y Cuervo, 1983.

RAMÍREZ MARTÍNEZ, J. (2003), Los sobrenombres y su aprovechamiento educativo: Sobre los apodos en el Valle Medio del Iregua, Madrid, UNED (Tese de doutoramento não publicada, em processo de publicação).

RAMÍREZ MARTÍNEZ, J. (2005a), "Aprovechamiento educativo y didático de los apodos del Campo de Cartagena", Revista Murciana de Antropología: I Congreso Etnográfico del Campo de Cartagena, 2003, Murcia, Universidade de Murcia.

RAMÍREZ MARTÍNEZ, J. e RAMÍREZ GARCÍA, R. (2005b), "Los apodos: Identidad,memoria y creatividad literaria", El Descubrimiento Pendiente de América Latina Diversidad de saberes en diálogo hacia un proyecto integrador (Actas-Memorias del Ier. Foro Latinoamericano: Memoria e Identidad), Montevideo, Signo Latinoamericano.- UNESCO.

REAL ACADEMIA ESPAÑOLA (1992), Diccionario de la lengua española. Madrid, Real Academia Española.

SÁNCHEZ, M., "El apodo como fenómeno sociolingüístico en el Perú", in lenguaje y Ciencias, Universidad de Trujillo, vol. 20, número 2, Trujillo (Peru), 1980.

SARTOR, M. "El apodo como creación semántica: ensayo de antroponimia", in Anales del Instituto de Lingüística, T. CIV, Mendoza (Argentina), 1988.

ULLMANN, S., Semántica: Introducción a la ciencia del significado, Madrid, Aguilar, 1965.

Manual de dialectología hispánica: el español de España, Barcelona, Ariel, 1996.

Alfonso Martán B., El negro en la poesía negra de Martán Góngora, Popayán, II Seminario sobre Cultura Negra, Universidad del cauca. 1.988.

Alfredo Vanín R., "Palabra Migratoria y Modernidad en el Pacífico". Cartagena de Indias (Colômbia). 2000.

Alicia Devalle de R. e Viviana Vega, Una escuela en y para la diversidad. Editorial Aique. Buenos Aires. 1998.

CARLOS ROSELLI P., "El Lenguaje de los Afrocolombianos y su Estudio" América Negra. Universidade Javeriana. Bogotá (Colômbia).

1995.

CASTILLO DE LUCAS, A. Apelidos ou alcunhas espanholas, Porto, Imprensa Portuguesa, 1959.

CELA, C. J., El colecionista de apodos, Madrid, 1947. COSERIU, E., Introducción a la Lingüística. México, UNAM, 1983.
El hombre y su lenguaje: estudios de teoría y metodología lingüística, Madrid, Gredos,1985.

HORTENSIA ALAIX DE V., Literatura Popular: Tradición oral en la localidad de El Patía (Cauca), Santafé de Bogotá, COLCULTURA, Tercer Mundo Editores, 1.995.
Instituto Agustín Codazzi. Atlas Básico da Colômbia. Divisão de Difusão Geo gráfica. 6a. Edição. Bogotá. 1989.
LANGLE, A., Vocabulario, apodos, seudónimos, sobrenombres y hemerografía de la revolución. México, UNAM, 1966.
LE GUERN, M., La metáfora y la metonimia, Madrid, Cátedra, 1976.
LEMUS SANTAMARÍA, V., Apodos, sociedad e individuos: apodos de algunas regiones de Colombia, Tesis de grado, Seminario Andrés Bello, Bogotá, Instituto Caro y Cuervo, 1985.
LIBARDO ARRIAGA C., "La Literatura Oral: Otro Aporte de los Negros", Cátedra de Estudios Afrocolombianos: GGASA. Bogotá (Colômbia). 2002.
MONTES GIRALDO, J. J. Dialectología general e hispanoamericana: orientación teórica, metodológica y bibliográfica, terceira edição, Santafé de Bogotá, CARO Y CUERVO, 1995.
-Motivación y creación léxica en el español de Colombia, Bogotá, Instituto Caro y Cuervo, 1983.
SÁNCHEZ, M., "El apodo como fenómeno sociolingüístico en el Perú", in lenguaje y Ciencias, Universidad de Trujillo, vol. 20, número 2, Trujillo (Peru), 1980.
SARTOR, M. "El apodo como creación semántica: ensayo de antroponimia", in Anales del Instituto de Lingüística, T. CIV, Mendoza (Argentina), 1988.
ULLMANN, S., Semántica: Introducción a la ciencia del significado, Madrid, Aguilar, 1965.
https://reportedelectura.org/apodos https://www.bing.com/search?

ÍNDICE DE CONTEÚDOS

yes
I want morebooks!

Buy your books fast and straightforward online - at one of world's fastest growing online book stores! Environmentally sound due to Print-on-Demand technologies.

Buy your books online at
www.morebooks.shop

Compre os seus livros mais rápido e diretamente na internet, em uma das livrarias on-line com o maior crescimento no mundo! Produção que protege o meio ambiente através das tecnologias de impressão sob demanda.

Compre os seus livros on-line em
www.morebooks.shop

Printed by Books on Demand GmbH, Norderstedt / Germany